Hans Karl Abele, Reiner Böttcher, Günter Lorenz,
Wilhelm Mann, Benno Mohry, Udo Quak,
Manfred Rehm, Siegfried Schneider, Edmund Wallis

Besser in Mathe

7. Klasse

Cornelsen
Power Learning

Diese Lernhilfe gibt es auch mit CD-ROM:
Cornelsen Power Learning Mathematik 7. Klasse
(ISBN 3-589-21517-8)

Cornelsen online http://www.cornelsen.de

Bibliografische Information: Die Deutsche Bibliothek verzeichnet diese Publikation in der Deutschen Nationalbibliografie; detaillierte bibliografische Daten sind im Internet über http://dnb.ddb.de abrufbar.

Dieses Werk berücksichtigt die Regeln der reformierten Rechtschreibung und Zeichensetzung.

7. 6. 5. 4. 3. Die letzten Ziffern bezeichnen
09 08 07 06 05 Zahl und Jahr der Auflage.

Redaktion: Stefan Giertzsch, Berlin, und Hans Karl Abele, München
Gesamtgestaltung: Dagmar & Torsten Lemme, Berlin
Umschlagentwurf: Bauer + Möhring, Berlin
Illustrationen: Roland Beier, Berlin
Sachzeichnungen: Stefan Giertzsch, Berlin
Repro: City Repro, Berlin
Druck und Bindung: Tesinska Tiskarna, Cesky Tesin
Printed in the Czech Republic
ISBN 3-589-21825-8
Bestellnummer 218258

Gedruckt auf säurefreiem Papier,
umweltschonend hergestellt aus chlorfrei gebleichten Faserstoffen.

Inhalt

Vorwort

Liebe Schülerin, lieber Schüler!

Du hast hier ein Buch zum Lernen, Wiederholen und Üben in der Hand.
Die Themen sind in kleinen, verständlichen Schritten aufbereitet.
An vielen Stellen kannst du selbst in das Buch hineinschreiben.
Kontrolliere deine Ergebnisse mit dem Lösungsheft.

Mit diesem Buch kannst du auf *zweierlei Weise* arbeiten:

1. **Möglichkeit:**
   Du fühlst dich insgesamt in Mathematik unsicher. Dann arbeite das Buch von vorne bis hinten durch. Nimm dir nicht zu viel auf einmal vor. Bearbeite lieber kleinere Abschnitte, aber dafür regelmäßig, vielleicht sogar täglich.

2. **Möglichkeit:**
   Du kennst deine Lücken. Du weißt, bei welchen Aufgabenstellungen du noch unsicher bist. Dann sieh im Inhaltsverzeichnis nach, picke einzelne Abschnitte heraus, und arbeite sie durch.

Und noch einige praktische Tipps zum Lernen mit diesem Buch:

- Verwende zum Eintragen ins Buch einen Bleistift. Fehler kannst du dann leichter ausbessern.
- Bist du dir beim Lösen der Übungsaufgaben nicht ganz sicher, sieh dir die Beispiele noch einmal genau an.
- Vergleiche deine Ergebnisse mit dem Lösungsheft. Überprüfe bei Fehlern immer genau, was du falsch gemacht hast.
- Bearbeite die Übungsaufgaben nach einigen Tagen noch einmal. So kannst du zusätzliche Sicherheit gewinnen.

Die *Symbole* am Seitenrand bedeuten:

 Wichtige Regel: Präge sie dir genau ein.

 Beispielaufgabe: Sie zeigt dir, wie du rechnen musst.

 Übungsaufgabe: Löse sie im Buch oder in einem separaten Heft.

Prozent- und Zinsrechnung

1 Bezeichnungen

Das Wort Prozent kommt vom italienischen „per cento“ und heißt „je Hundert“ oder „Hundertstel“. Die Abkürzung für Prozent ist %, manchmal auch „v.H.“.

Beispielaufgabe

Du hast 350 € auf deinem Sparbuch und bekommst jährlich 3% Zinsen.
Wie viel € sind das?

1% von 350 € = $\frac{1}{100}$ von 350 € = 3,50 €

3% von 350 € sind dreimal so viel.

3% von 350 € = 3 · 3,5 € = 10,50 €

Folgende Bezeichnungen sind dabei üblich:

$\underbrace{3\%}_{\text{Prozentsatz}}$ von $\underbrace{350\text{ €}}_{\text{Grundwert}} = \underbrace{10{,}50\text{ €}}_{\text{Prozentwert}}$

Prozentsätze sind also nur andere Schreibweisen für Bruchzahlen.

Beispielaufgaben

a) $10\% = \frac{10}{100} = \frac{1}{10}$ **b)** $20\% = \frac{20}{100} = \frac{1}{5}$ **c)** $25\% = \frac{25}{100} = \frac{1}{4}$

d) $50\% = \frac{50}{100} = \frac{1}{2}$ **e)** $75\% = \frac{75}{100} = \frac{3}{4}$ **f)** $90\% = \frac{90}{100} = \frac{9}{10}$

Schreibe hier nun einige Hundertstel-Bruchzahlen in der üblichen kurzen Schreibweise als Prozent mit dem Zeichen %.

Übung 1

a) $\frac{13}{100}$ = ________ **b)** $\frac{68}{100}$ = ________ **c)** $\frac{35}{100}$ = ________

d) $\frac{80{,}4}{100}$ = ________ **e)** $\frac{26{,}5}{100}$ = ________ **f)** $\frac{10{,}7}{100}$ = ________

g) $\frac{105}{100}$ = ________ **h)** $\frac{125}{100}$ = ________ **i)** $\frac{118}{100}$ = ________

Übung 2

Erweitere den Bruch auf Hundertstel und schreibe ihn als Prozentsatz.

a) $\frac{1}{20} = \frac{1}{20} \cdot \frac{5}{5} = \frac{5}{100} = 5\%$ **b)** $\frac{3}{10} =$ ______ **c)** $\frac{1}{50} =$ ______

d) $\frac{5}{4} =$ ______ **e)** $\frac{1}{25} =$ ______ **f)** $\frac{2}{5} =$ ______

g) $\frac{1}{2} =$ ______ **h)** $\frac{3}{4} =$ ______ **i)** $\frac{11}{10} =$ ______

2 Berechnung des Prozentwertes

Im ersten Beispiel haben wir bereits einen Prozentwert berechnet, nämlich:

3% von 350 € = $\frac{3}{100}$ von 350 € = 10,50 €.

Wir verwenden folgende Abkürzungen:

> p% ist der Prozentsatz.
> P ist der Prozentwert.
> G ist der Grundwert.

Der Prozentwert ist dann p% von G oder $\frac{p}{100}$ von G oder $\frac{G \cdot p}{100}$.

> Prozentwert $P = \frac{G \cdot p}{100}$

Übe nun das Berechnen des Prozentwertes (P) mit verschiedenen Zahlen.
Rechne in deinem Übungsheft und trage deine Lösung hier ein.
Vergleiche und kontrolliere mit dem Lösungsheft.

Übung 1

a) 3% von 7000 € = ______ € **b)** 12 % von 800 m = ______ m

c) 54% von 3400 kg = ______ kg **d)** 30% von 160 l = ______ l

e) 16,4% von 520 kg = ______ kg **f)** 35,8% von 120 € = ______ €

Manchmal ist der Prozentwert auch größer als der Grundwert.

Übung 2

a) 105% von 800 € = ________ €

b) 110% von 1300 m = ________ m

c) 150% von 30 kg = ________ kg

d) 120% von 4100 l = ________ l

e) 136% von 82 kg = ________ kg

f) 200% von 700 € = ________ €

Oft lässt sich der Prozentwert ganz leicht im Kopf berechnen. Wenn du 50% hörst, fällt dir sicher gleich ein: Das ist die Hälfte!
Ein Beispiel: Beim Sportfest bekamen 50% der 360 Teilnehmerinnen und Teilnehmer eine Ehrenurkunde. Dann weißt du sofort: 180 Schülerinnen und Schüler erhielten eine Ehrenurkunde.

Also:

!

50% $\rightarrow \frac{50}{100}$ gekürzt $\frac{1}{2}$

50% des Grundwertes $\rightarrow \frac{1}{2}$ des Grundwertes

Das geht auch mit anderen Prozentsätzen so einfach:

10% $\rightarrow \frac{10}{100} = \frac{1}{10}$ des Grundwertes

25% $\rightarrow \frac{25}{100} = \frac{1}{4}$ des Grundwertes

20% $\rightarrow \frac{20}{100} = \frac{1}{5}$ des Grundwertes

5% $\rightarrow \frac{5}{100} = \frac{1}{20}$ des Grundwertes

4% $\rightarrow \frac{4}{100} = \frac{1}{25}$ des Grundwertes

75% $\rightarrow \frac{75}{100} = \frac{3}{4}$ des Grundwertes

100% $\rightarrow \frac{100}{100} = \frac{1}{1}$ des Grundwertes (Ist der Grundwert).

Du musst also so weit wie möglich die Hundertstel-Bruchzahl kürzen. Damit kannst du viele Prozentwerte leicht im Kopf berechnen.

Übung 3

a) 10% von 600 € = ______ €

b) 25% von 4000 € = ______ €

c) 5% von 80 € = ______ €

d) 20% von 1800 € = ______ €

e) 50% von 140 € = ______ €

f) 75% von 280 € = ______ €

3 Berechnung des Prozentsatzes

Wie viel Prozent sind drei Schüler (= Prozentwert) aus einer Klasse von 24 Schülern (= Grundwert)?

Du kannst rechnen: $\frac{3}{24}$ von 100% = $\frac{3}{24} \cdot 100\% = \frac{1}{8} \cdot 100\% = 12{,}5\%$.

Allgemein:

Prozentsatz $p\% = \frac{P}{G} \cdot 100\%$

Runde in den folgenden beiden Übungen das Endergebnis immer auf eine Stelle nach dem Komma.

Übung 1

Wie viel % sind …

a) … 12 € von 98 €?
b) … 56 kg von 1 216 kg?
c) … 68 Personen von 517 Personen?
d) … 192 Bücher von 1080 Büchern?
e) … 17,3 kg von 28 kg?
f) … 1 700 € von 34 000 €?
g) … 4 Computer von 46 Computern?
h) … 840 Stifte von 7 500 Stiften?

Manchmal sind es mehr als 100%. Auch dazu sollst du einige Aufgaben üben.

Übung 2

Wie viel % sind …

a) … 84 Kinder von 63 Kindern?
b) … 6,56 € von 5,75 €?
c) … 110 Personen von 104 Personen?
d) … 73 Schulen von 65 Schulen?
e) … 1 638 kg von 1 210 kg?
f) … 158 m von 127 m?
g) … 480 Zeitungen von 321 Zeitungen?
h) … 25 Stadien von 15 Stadien?

4 Berechnung des Grundwertes

Drei Schüler, das sind 12% der Klasse, fehlen beim Turnen.
Wie viele Schüler hat die Klasse?
Hier sind der Prozentsatz (12%) und der Prozentwert (drei Schüler) gegeben.
Der Grundwert ist gesucht.
Du kannst so rechnen:
12% sind 3 Schüler.
1% sind dann $\frac{3}{12}$ oder 0,25 Schüler.
100% sind das Hundertfache, also 25 Schüler.

Allgemein: $G = \frac{P}{p} \cdot 100 = \frac{P \cdot 100\%}{p\%}$

!

Grundwert $G = \frac{P \cdot 100\%}{p\%}$

Übung 1

Wie heißt der Grundwert? Rechne in deinem Übungsheft und runde das Ergebnis sinnvoll.

a) 18%, das sind 416 €.
b) 56%, das sind 392 Personen.
c) 8,5%, das sind 58 kg.
d) 13,7%, das sind 64 Städte.
e) 33,3%, das sind 93 Häuser.
f) 5,6%, das sind 1,78 €.

Oft kann man Aufgaben, bei denen der Grundwert gesucht wird, gut im Kopf rechnen.

Beispielaufgabe

36 Schülerinnen und Schüler der Goetheschule haben den großen Rettungsschein der Deutschen Lebensrettungsgesellschaft (DLRG). Das sind 10% aller Schülerinnen und Schüler dieser Schule. In einer Übersicht sieht das dann so aus:

10%, das sind 36 Schülerinnen und Schüler
↓ ·10 ↓ ·10
100%, das sind 360 Schülerinnen und Schüler

Die Goetheschule hat 360 Schülerinnen und Schüler.

Du siehst sicher sofort: Man muss nicht erst 1% ausrechnen. Du kannst gleich mit 10 multiplizieren, dann erhältst du 100% und den Grundwert.

Übung 2

Wie heißt der Grundwert? Rechne im Kopf. Runde auf die Einerstelle.

a) 5%, das sind 20 €. **b)** 10%, das sind 120 €. **c)** 4%, das sind 80 €.
d) 25%, das sind 150 €. **e)** 50%, das sind 37 €. **f)** 20%, das sind 130 €.

5 Zinsrechnung

In der Beispielaufgabe auf S. 6 haben wir bereits Zinsen, genauer gesagt Jahreszinsen, berechnet. Du erinnerst dich:
Bei 350 € auf dem Sparbuch und 3% Verzinsung bekommst du jährlich 10,50 € Zinsen.

Bei der Zinsrechnung sind folgende Berechnungen üblich:
Statt „Grundwert" sagt man „Kapital".
Statt „Prozentsatz" sagt man „Zinssatz".
Statt „Prozentwert" sagt man „Zinsen".

Die Berechnung von Jahreszinsen ist also nichts anders als die Berechnung eines Prozentwertes.

Übung 1

Fülle die Tabelle vollständig aus.

Kapital	Zinssatz	Jahreszinsen
	4%	23,20 €
1820 €	2,5%	
5000 €	1,5%	
12000 €		240 €
	3%	1200 €

Beträgt die Zeit jedoch mehr oder weniger als ein Jahr, muss sie bei der Berechnung der Zinsen berücksichtigt werden.
Beträgt die Zinszeit ein *halbes* Jahr, sind die Zinsen die *Hälfte* der Jahreszinsen.
Beträgt die Zinszeit *drei* Jahre, sind die Zinsen das *Dreifache* der Jahreszinsen.

Allgemein:

$$\text{Zinsen} = \underbrace{\text{Kapital} \cdot \frac{\text{Zinssatz}}{100\%}}_{\text{Jahreszinsen}} \cdot \frac{\text{Zinszeit (Tage)}}{360}$$

Dabei wird das Jahr zu 360 Tagen, der Monat zu 30 Tagen gerechnet.
Der Einzahltag wird für die Verzinsung mitgezählt, der Auszahltag nicht.

Beispielaufgabe

Wie viel Zinsen erhält man bei einem Zinssatz von 4%, wenn ein Kapital von 6000 € am 1.3. eingezahlt und am 1.12. des gleichen Jahres wieder abgehoben wird?

$$\text{Zinszeit} = 9 \text{ Monate} = 9 \cdot 30 \text{ Tage} = 270 \text{ Tage}$$

$$\text{Zinsen} = 6\,000\,€ \cdot \frac{4\%}{100\%} \cdot \frac{270}{360} = \frac{6\,000 \cdot 4 \cdot 270}{100 \cdot 360}\,€ = \frac{60 \cdot 4 \cdot 3}{4}\,€ = 180\,€$$

Übung 2

a) Fülle die Tabelle aus. Runde immer auf zwei Stellen nach dem Komma auf oder ab.

Kapital	Zinssatz	Zinsen für 1 Jahr	Zinsen für 1 Tag
48 000 €	7,5%		
72 000 €	9,0%		

b) Berechne nun die Zinsen für die angegebenen Tage.
Zum Kapital von 48 000 € gehört der Zinssatz 7,5%.
Zum Kapital von 72 000 € gehört der Zinssatz 9,0%.

Kapital	Zinsen für 50 Tage	Zinsen für 200 Tage	Zinsen für 186 Tage	Zinsen für 11 Tage	Zinsen für 305 Tage
48 000 €					
72 000 €					

Übung 3

Fülle die Tabelle aus.

Kapital	Zinssatz	Anzahl der Tage	Zinsen
7 200 €	7%	100	
10 000 €	4,5%	90	
35 400 €	4%	180	
18 000 €	3%	40	

Übung 4

Berechne die jeweiligen Zinsen in deinem Übungsheft und kontrolliere mit dem Lösungsheft.

a) 18 000 € werden zu 12% für 80 Tage ausgeliehen.
b) 40 000 € bringen in 120 Tagen Zinsen zu 9%.
c) Auf dem Sparbuch werden 8 145 € zu 3,6% für 105 Tage verzinst.
d) Ein Darlehen von 51 000 € wird für 136 Tage zu einem Zinssatz von 7,5% ausgeliehen.

Übung 5

Zum Schluss noch eine Knacknuss:
Boris fotografiert gern. Er möchte sich eine gute Kamera kaufen und spart tüchtig. Durch das Austragen von Zeitungen und Prospekten kann er sich das Geld in einem Jahr zusammensparen. Am 1. Januar legt er ein Sparbuch an und zahlt gleich 400 € ein. Nach drei Monaten zahlt er wieder 300 € ein. Nach weiteren vier Monaten kommen 500 € dazu. Die Spareinlagen werden von der Sparkasse mit 3% verzinst. Mit wie viel Euro Zinsen kann Boris am Ende des Jahres rechnen?

6 Mit Promille rechnen

Mille ist lateinisch/italienisch und heißt „Tausend“. Jetzt kannst du dir sicher auch schon denken, was mit Promillerechnung gemeint ist. Richtig! Es ist der Vergleich von Zahlen auf der Grundlage der Zahl 1000. Es werden also nicht Hundertstel-Bruchzahlen verglichen, sondern **Tausendstel**-Bruchzahlen. Das Zeichen für Promille ist ‰.
Du kannst dir merken:

!

Mille ≙ Tausend
pro mille ≙ von Tausend/
für Tausend
1,8 Promille = 1,8‰ = 1,8 von 1000

Bei kleinen Mengen oder in der Bevölkerungsstatistik nimmt man statt 100 manchmal die Zahl 1000 als Grundlage für Vergleiche. Auf diese Weise vermeidet man allzu kleine Zahlenwerte in der Prozentrechnung, etwa Dezimalzahlen, die kleiner sind als 1.

Was heißt nun aber: 1,8 Promille oder 1,8‰ Alkohol im Blut? Der **Promillesatz** 1,8‰ bezieht sich auf die Menge Blut, die durch den Körper eines erwachsenen Menschen fließt. Der Promillesatz gibt an, wie hoch der Anteil an reinem Alkohol an der Blutmenge ist.

Ein Erwachsener hat durchschnittlich 5,7 Liter Blut im Körper. Du kannst sicher noch die Rauminhaltsangabe Liter in Kubikzentimeter umrechnen:
1 Liter = 1000 Kubikzentimeter
oder
$1\,l = 1000\,cm^3$
also
$5{,}7\,l = 5\,700\,cm^3$
Nun kannst du leicht auch den Anteil von 1,8‰ Alkohol ausrechnen. Grundwert ist $5\,700\,cm^3$, der Promillesatz ist dir bekannt. Du sollst den Promillewert ausrechnen.
Zum Berechnen benutzt du dasselbe Verfahren wie bei der Prozentrechnung. Du rechnest allerdings immer mit 1000‰ und nicht mit 100%.
Du siehst: Das ist sehr einfach, und eigentlich ist es auch nichts Neues.
Der Promillewert beträgt $\frac{5\,700\,cm^3 \cdot 1{,}8‰}{1000‰} = 10{,}26\,cm^3$.

An zwei Übungen sollst du das Rechnen mit Promille noch einmal anwenden:

Übung 1

Die ärztliche Versorgung ist in den europäischen Großstädten recht unterschiedlich. In der folgenden Tabelle sind die Einwohnerzahl einiger Großstädte und der Anteil an Ärzten in Promille angegeben. Berechne jeweils die Anzahl der Ärzte in den einzelnen Städten.

Stadt	Einwohnerzahl	Ärzteanteil	Anzahl der Ärzte
Paris	9 300 000	6,0‰	
Rom	2 800 000	4,4‰	
Hamburg	1 700 000	3,4‰	
Brüssel	990 000	3,8‰	
Kopenhagen	620 000	3,2‰	

Übung 2

Die Anzahl der Grundschullehrer in den Ländern der Europäischen Union ist recht unterschiedlich. In Frankreich (58,7 Mio. Einwohner) unterrichten 174 530 Grundschullehrer, in Dänemark (5,3 Mio. Einwohner) dagegen nur 40 290 Lehrer. Im gesamten Bereich der Europäischen Union (EU, 379 Mio. Einwohner) sind 1 360 800 Grundschullehrerinnen und –lehrer tätig. Berechne den Anteil in ‰ und vergleiche!

7 Vermischte Aufgaben

Übung 1

Bei einem Sparkonto werden die Zinsen am Ende des Jahres zum Guthaben addiert. Nimm an, du hattest zu Beginn des ersten Jahres 1 000 € auf deinem Sparkonto.
Wie hoch ist dann das Guthaben nach dem Ende des zweiten Jahres, wenn im ersten Jahr 3% und im zweiten Jahr 4% Zinsen gezahlt wurden?

Übung 2

Der Blutalkoholwert (also „die Promille“) kann aus dem Gewicht des getrunkenen Alkohols und dem Gewicht der Körperflüssigkeit einer Person (= Grundwert) berechnet werden. Bei Männern nimmt man an, dass die Körperflüssigkeit 70% des Körpergewichts ausmacht; bei Frauen ist der entsprechende Wert 60%.

a) Ein Mann wiegt 70 kg. Wie groß ist das Gewicht seiner Körperflüssigkeit?

b) Dieser Mann trinkt ein Bier mit 20 g Alkohol. Wie hoch ist bald danach sein Blutalkoholwert in Promille? Runde auf eine Kommastelle.

Übung 3

Die Firma, bei der Frau Wollenweber arbeitet, hatte ein gutes Geschäftsjahr. Die Angestellten erhalten deshalb am Ende des Jahres eine Sonderprämie in Höhe von 35% eines Monatsgehaltes. Frau Wollenweber bekommt mit ihrem Januargehalt zusätzlich 700 € ausgezahlt.

a) Wie hoch ist ihr Monatsgehalt?

b) Wie viel € bekommt sie im Januar insgesamt ausgezahlt?

Übung 4

Unsere Erde hat eine Fläche von insgesamt ca. 500 Mio. km^2.
Davon entfallen ca. 150 Mio. km^2 auf Land und ca. 350 Mio. km^2 auf Meer.
Berechne die prozentuale Verteilung von Land und Meer.

Rationale Zahlen

1 Positive und negative Zahlen

A Positive und negative Zahlen auf der Zahlengeraden

Willst du die negativen Zahlen veranschaulichen, dann musst du den Zahlenstrahl über 0 hinaus nach links verlängern. So erhältst du eine **Gerade**.
Auf dem Teil der Geraden, der links von 0 liegt, kannst du nun auch jeder negativen Zahl ihren Platz geben. Du brauchst dazu nur die positiven Zahlen am Punkt 0 zu spiegeln.

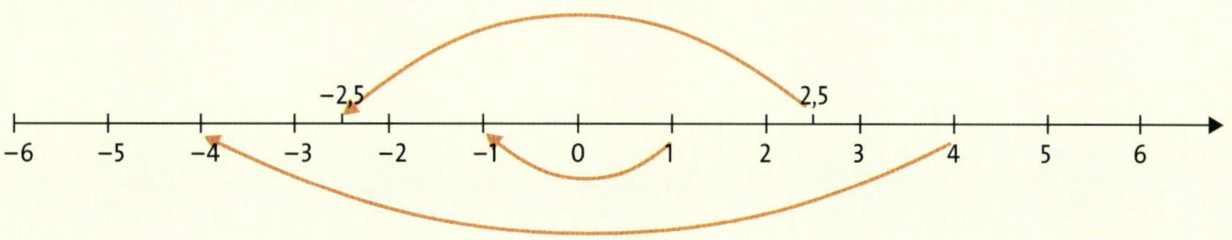

Diese Gerade, auf der es zu jeder positiven und jeder negativen Zahl einen Punkt gibt, heißt **Zahlengerade**. Links von 0 liegen die negativen Zahlen, rechts von 0 die positiven Zahlen. 0 ist weder positiv noch negativ!

Alle diese positiven und negativen Zahlen und die Zahl Null zusammengenommen werden als **rationale Zahlen** bezeichnet.
Die Menge der rationalen Zahlen wird auch mit $\mathbb{Q}$ bezeichnet.

Übung 1

Trage die positiven oder negativen rationalen Zahlen, die zu den markierten Punkten auf der Zahlengeraden gehören, in die Kästen ein.

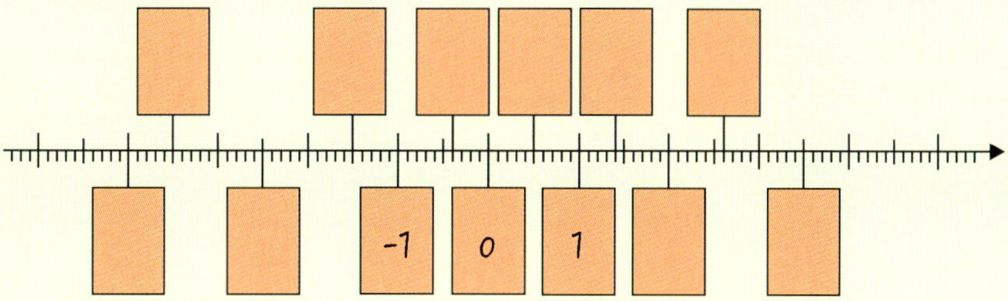

Du hast sicher schon erkannt, dass du mit rationalen Zahlen mehr Aufgaben lösen kannst als nur mit den positiven Zahlen.
Während die Subtraktion 5 – 3 am Zahlenstrahl veranschaulicht werden kann, reicht er für die Subtraktion 3 – 5 nicht aus.

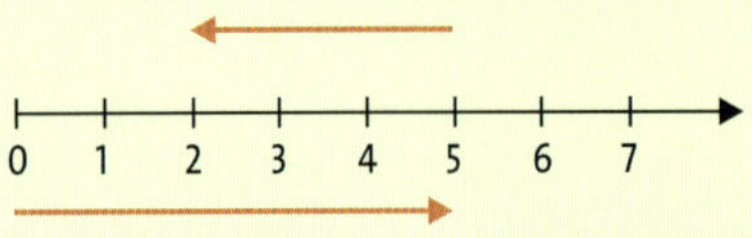

5 – 3 = 2

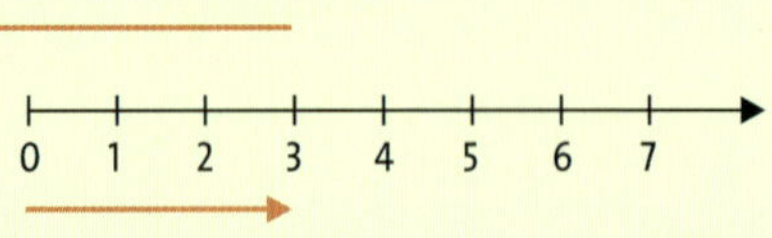

3 – 5 = ?

Bisher hast du auch gesagt: Die Aufgabe 3 – 5 ist nicht lösbar.
Hast du aber die Zahlengerade auch mit den negativen Zahlen zur Verfügung, dann kommst du so zur Zahl –2.

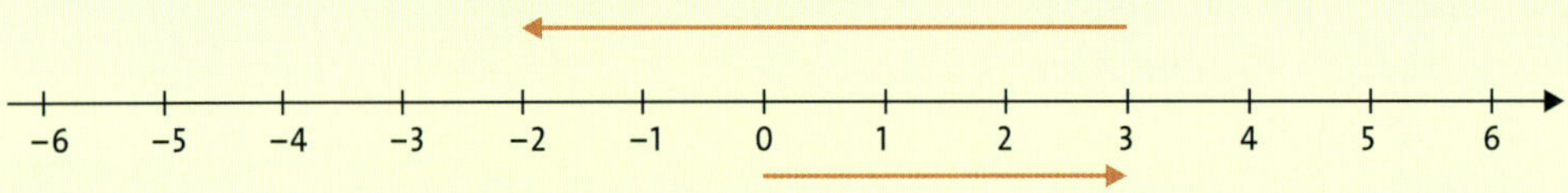

Also ist 3 – 5 = – 2.

Stehen dir negative Zahlen zur Verfügung, kannst du auch dann subtrahieren, wenn die erste Zahl kleiner ist als die zweite.

Übung 2

Ermittle die folgenden Differenzen, indem du sie dir an der Zahlengeraden vorstellst.

a) 3 – 7 = ____ **b)** 2 – 8 = ____

c) 1,5 – 4 = ____ **d)** 2,5 – 6,5 = ____

Für das Rechnen mit positiven und negativen Zahlen ist es hilfreich, sich diese Zahlen durch Pfeile zu veranschaulichen. Die positiven Zahlen lassen sich durch Pfeile darstellen, die nach rechts weisen, die negativen Zahlen durch Pfeile, die nach links weisen.

Beispielaufgabe

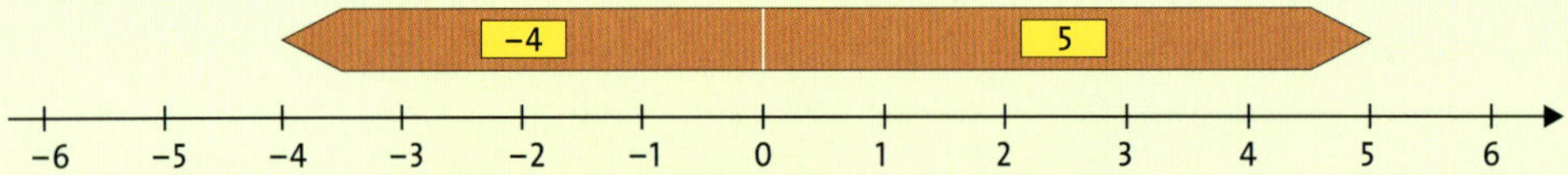

Übung 3

Trage in den Pfeil jeweils die Zahl ein, die er veranschaulicht.

a)

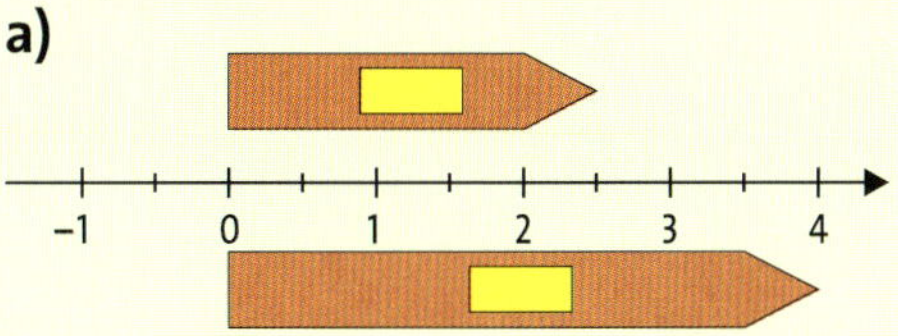

b)

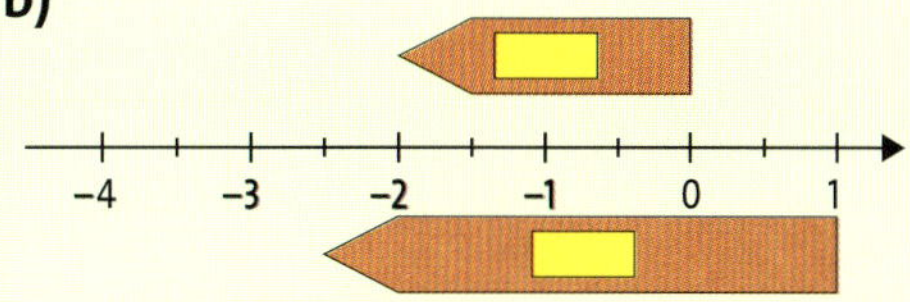

B Gegenzahlen und Beträge

Zu jeder negativen Zahl gibt es genau eine entsprechende positive Zahl und umgekehrt.

$-5 \rightleftarrows 5$

$-2{,}3 \rightleftarrows 2{,}3$

$3{,}7 \rightleftarrows -3{,}7$

$\frac{5}{4} \rightleftarrows -\frac{5}{4}$

Man sagt: 5 ist die **Gegenzahl** von –5.
–5 ist die **Gegenzahl** von 5.

Übung 4

Ergänze die Tabelle.

Zahl	7		–4		–13	–4,5		
Gegenzahl		–9		11			3,7	$-\frac{3}{4}$

Die Gegenzahlen 5 und –5 liegen auf der Zahlengeraden symmetrisch zur Zahl 0. Sie haben beide von 0 den Abstand 5.

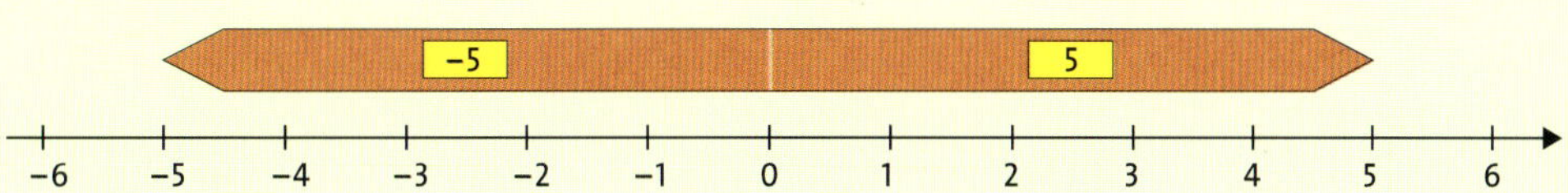

Ihre zugehörigen Pfeile sind in der Richtung unterschiedlich, aber sie sind gleich lang, nämlich 5 Einheiten lang.
Der Abstand einer Zahl von 0 auf der Zahlengeraden wird als **Betrag** oder auch als **absoluter Betrag** der Zahl bezeichnet.
Die Zahlen –5 und 5 haben also beide den Betrag 5.

Übung 5

Ergänze die Tabelle.

Zahl	5	−5	−2,4	−13	7,2	$-\frac{1}{2}$	$\frac{7}{5}$	0
Betrag der Zahl	5	5	2,4					

Der Betrag einer positiven Zahl ist die Zahl selbst.
Der Betrag von 0 ist 0.
Der Betrag einer negativen Zahl ist gleich ihrer Gegenzahl.

Anstelle von „der Betrag der Zahl −3" kannst du auch kürzer schreiben: $|-3|$.

Übung 6

Ergänze.

a) $|-11|$ = ____ **b)** $|-2{,}6|$ = ____ **c)** $|24|$ = ____ **d)** $|13{,}1|$ = ____

Zahlen, die als Betrag eine natürliche Zahl oder die Zahl 0 haben, heißen **ganze Zahlen**.
Die Menge der ganzen Zahlen wird auch mit $\mathbb{Z}$ bezeichnet.

Übung 7

Unterstreiche alle ganzen Zahlen.

5 −3 $5\frac{1}{2}$ −17 $-\frac{2}{3}$ $\frac{1}{2}$

−9 8,2 24 −573 0 −7,5

2 Rationale Zahlen vergleichen und anordnen

A Zwei rationale Zahlen vergleichen

Auf der Zahlengeraden liegt die kleinere Zahl links von der größeren Zahl.

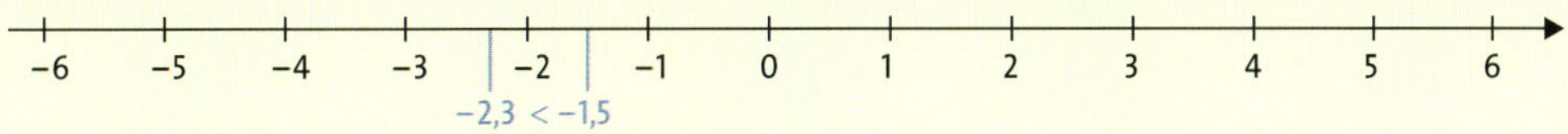

$-2{,}3 < -1{,}5$, denn $-2{,}3$ liegt links von $-1{,}5$.

Übung 1

Vergleiche die nebeneinander stehenden Zahlen der Größe nach. Denke dabei an einen praktischen Sachverhalt oder an die Zahlengerade. Setze dann in die Kästchen die Zeichen < oder > ein.

a) −11 ☐ −7 **b)** −4 ☐ −9 **c)** −2,4 ☐ −1,6

d) 2,7 ☐ −4,8 **e)** −3,4 ☐ 2,1 **f)** −22,5 ☐ −16,81

Willst du zwei negative Zahlen miteinander vergleichen, kannst du auch die Beträge vergleichen: Die Zahl mit dem größeren Betrag ist die kleinere Zahl.

Beispielaufgabe

$-10 < -5$, weil $|-10| > |-5|$

Übung 2

Vergleiche −3,9 und −3,85.

Beträge: ______________ ______________

Vergleichen der Beträge: ______________ ☐ ______________

Also: −3,9 ☐ −3,85

Übung 3

Vergleiche jeweils die folgenden Zahlen. Setze < oder > ein und begründe.

$-5{,}2 \quad < \quad -3{,}93$; denn $5{,}2 > 3{,}93$

$-\frac{2}{3} \quad > \quad -\frac{4}{5}$; denn $\frac{2}{3} < \frac{4}{5}$ wegen $\frac{2}{3} = \frac{10}{15}, \frac{4}{5} = \frac{12}{15}$

a) $-6{,}2$ ☐ $-6{,}15$; denn ______________________________

b) $-0{,}07$ ☐ $-0{,}1$; denn ______________________________

c) $-\frac{2}{5}$ ☐ $-\frac{1}{3}$; denn ______________________________

d) $-\frac{11}{6}$ ☐ $-\frac{16}{9}$; denn ______________________________

Übung 4

Vergleiche auch die folgenden Zahlen jeweils der Größe nach. Beachte dabei, dass nicht nur negative Zahlen miteinander verglichen werden sollten.

a) $7{,}8$ ☐ $-8{,}4$; denn ______________________________

b) $-\frac{6}{7}$ ☐ $\frac{5}{6}$; denn ______________________________

c) $-6{,}15$ ☐ $-6{,}8$; denn ______________________________

d) $24{,}3$ ☐ $24{,}127$; denn ______________________________

e) $\frac{5}{3}$ ☐ $\frac{13}{8}$; denn ______________________________

Übung 5

Welche der Zahlen $-0{,}05$; $-2{,}42$; $-2{,}24$ passen jeweils dazwischen?

a) $-2{,}4 <$ ____ $< -2{,}1$

b) $-0{,}1 <$ ____ $< 0{,}3$

c) $-2{,}6 <$ ____ $< -2{,}3$

B Rationale Zahlen ordnen

Übung 6

In der Tabelle rechts findest du für einige europäische Hauptstädte die mittleren Lufttemperaturen im jeweils kältesten Monat des Jahres.
Markiere die negativen und die positiven Temperaturen in unterschiedlichen Farben.
Ordne zunächst die negativen und dann die positiven Temperaturen.

1. Brüssel	1,3 °C
2. Helsinki	–6,3 °C
3. London	3,4 °C
4. Madrid	4,3 °C
5. Oslo	–4,2 °C
6. Prag	–1,5 °C
7. Warschau	–3,6 °C

______	______	______	______	1.	______	______
____ °C	____ °C	–3,6 °C	____ °C	____ °C	____ °C	____ °C

Übung 7

Ordne die folgenden rationalen Zahlen jeweils in die Kästen ein.

a) – 71; – 20; 13; 0; – 17; – 10; 17; – 21

☐ $<$ ☐ $<$ ☐ $<$ ☐ $<$ ☐ $<$ ☐ $<$ ☐ $<$ ☐

b) 2; – 3,5; 5,2; – 30; – 14; 5,15

☐ $<$ ☐ $<$ ☐ $<$ ☐ $<$ ☐ $<$ ☐

c) 4,2; – 3,15; – 4,2; 3,35; – 4,25; – 3,35

☐ $>$ ☐ $>$ ☐ $>$ ☐ $>$ ☐ $>$ ☐

3 Rationale Zahlen addieren

A Zwei negative Zahlen addieren

Um zu erklären, wie zwei negative Zahlen addiert werden, benutzen wir noch einmal die Veranschaulichung an der Zahlengeraden und zeichnen zusätzlich noch einen Summenpfeil ein.

Aufgabe: $-3 + (-2)$

Veranschaulichung:

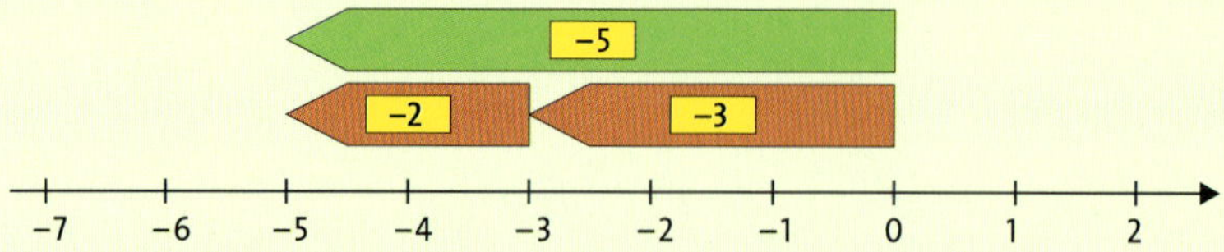

Der grüne Summenpfeil hat die Länge 3 + 2, also 5. Er zeigt nach links.
Daher ist die gesuchte Summe negativ, also – 5.
Als Regel kannst du erkennen:
Die *Beträge* der Zahlen – 3 und – 2, nämlich 3 und 2, müssen *addiert* werden; vor die Summe wird dann das *Vorzeichen* – gesetzt.

$-3 + (-2) = -(3 + 2) = -5$

Wenn du die Beträge wie hier noch einmal notierst, dann musst du sie in eine Klammer setzen und das gemeinsame Vorzeichen Minus davor setzen.

> Zwei negative Zahlen werden folgendermaßen addiert:
> 1. Die Beträge werden addiert und
> 2. vor die Summe wird das Vorzeichen – gesetzt.

Beispielaufgaben

a) $-10 + (-15) = -(10 + 15) = -25$

b) $-\frac{3}{5} + \left(-\frac{7}{5}\right) = -\left(\frac{3}{5} + \frac{7}{5}\right) = -\frac{10}{5} = -2$

Übung 1

Ergänze.

Aufgabe	Summe der Beträge	Vorzeichen	Ergebnis
$-15 + (-7)$	15 + 7 = 22	–	– 22
a) $-26 + (-13)$			
b) $-17 + (-36)$			

Übung 2

$-3 + (-12) = -(3 + 12) = -15$

a) $-14 + (-23) =$ ______________________________

b) $-93 + (-18) =$ ______________________________

c) $-1{,}3 + (-6{,}5) =$ ______________________________

Übung 3

a) $-\frac{3}{7}+\left(-\frac{11}{7}\right)=-\left(\underline{\qquad}+\underline{\qquad}\right)=-\underline{\qquad}=-\underline{\qquad}$

b) $-\frac{2}{3}+\left(-\frac{3}{5}\right)=-\left(\underline{\qquad}+\underline{\qquad}\right)=-\left(\underline{\qquad}+\underline{\qquad}\right)=-\underline{\qquad}$

B Eine positive und eine negative Zahl addieren

Auch das Addieren einer positiven und einer negativen Zahl lässt sich am besten an der Zahlengeraden veranschaulichen. Dazu zeichnen wir wieder einen Summenpfeil ein.

Aufgabe:
$3 + (-7)$

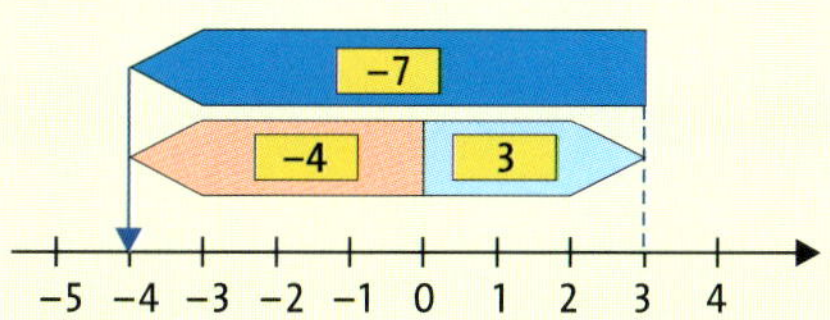

Aufgabe:
$-3 + 7$

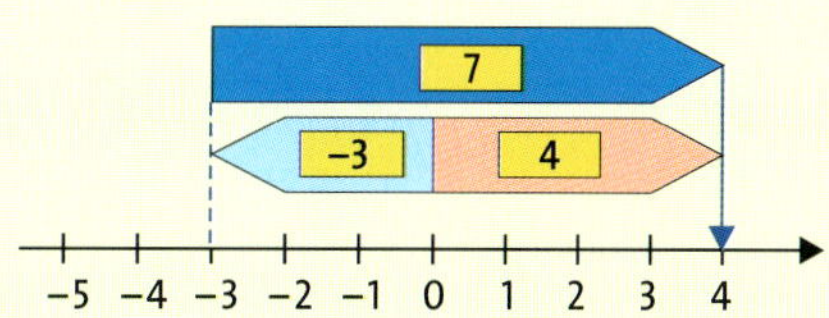

Du siehst:
Die beiden dunkelblauen Summenpfeile haben die Länge 7 –3, also 4.

Dieser Summenpfeil zeigt nach links, weil der Pfeil zu –7 nach links länger ist als der Pfeil zu 3 nach rechts. Daher ist die gesuchte Summe negativ, also – 4.

Dieser Summenpfeil zeigt nach rechts, weil der Pfeil zu 7 nach rechts länger ist als der Pfeil zu –3 nach links. Daher ist die gesuchte Summe positiv, also 4.

Du erkennst:
In beiden Aufgaben müssen die *Beträge* der gegebenen Zahlen, nämlich 3 und 7, subtrahiert werden, und zwar der kleinere vom größeren Betrag: 7 – 3 = 4.

Hier ist der *Betrag der negativen Zahl* –7 *größer* als der Betrag der positiven Zahl 3.
Daher muss vor die Differenz das *Vorzeichen* – gesetzt werden:
3 + (–7) = – (7 – 3) = –4

Hier ist der *Betrag der positiven Zahl* 7 *größer* als der Betrag der negativen Zahl –3.
Daher ist die Differenz positiv, es muss also *kein Vorzeichen* gesetzt werden: –3 + 7 = 7 – 3 = 4

Eine positive und eine negative Zahl werden folgendermaßen addiert:
1. Der kleinere Betrag wird vom größeren Betrag subtrahiert und
2. falls der Betrag der negativen Zahl der größere ist, wird vor diese Differenz das Vorzeichen – gesetzt.

Beispielaufgaben

15 + (–10) = 15 – 10 = 5;
–10 + 15 = 15 – 10 = 5;
–15 + 10 = – (15 – 10) = –5
10 + (–15) = – (15 – 10) = –5

Übung 4

Ergänze.

Aufgabe	Größerer Betrag	Differenz der Beträge	Vorzeichen	Ergebnis
– 15 + 7	15	15 – 7 = 8	–	– 15
24 + (– 11)	24	24 – 11 = 13	+ (ohne)	24
a) 16 + (– 25)				
b) –15 + 34				

Übung 5

5 + (– 17) = – (17 – 5) = – 12

a) 14 + (– 23) = ____________________

b) – 13 + 18 = ____________________

c) – 2,8 + 2,8 = ____________________

Übung 6

Vervollständige die Tabelle.

Aufgabe	Gleichnamige Beträge	Größerer Betrag	Differenz der Beträge	Vor-zeichen	Ergebnis
$-\frac{2}{3}+\frac{3}{5}$	$\frac{2}{3}=\frac{10}{15}; \frac{3}{5}=\frac{9}{15}$	$\frac{2}{3}$	$\frac{1}{15}$	negativ	$-\frac{1}{15}$
a) $\frac{7}{8}+\left(-\frac{3}{4}\right)$					
b) $-\frac{4}{3}+\frac{5}{8}$					

4 Rationale Zahlen subtrahieren

A Addition und Subtraktion an der Zahlengeraden

Positive Zahlen werden hier durch nach rechts weisende Pfeile, negative durch nach links weisende Pfeile dargestellt. Bei der **Addition** wird an die Spitze des ersten Pfeils der *Anfang* des zweiten gelegt. Bei der **Subtraktion** wird an die Spitze des ersten Pfeils die *Spitze* des zweiten gelegt. Das Ergebnis der Subtraktion wird dann am *Anfang* des zweiten Pfeils abgelesen.

Beispielaufgaben

Addition

$-2+7=5$

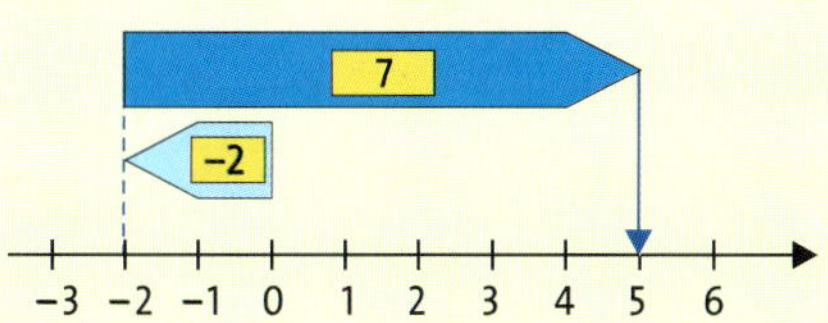

Subtraktion

$5-7=-2$

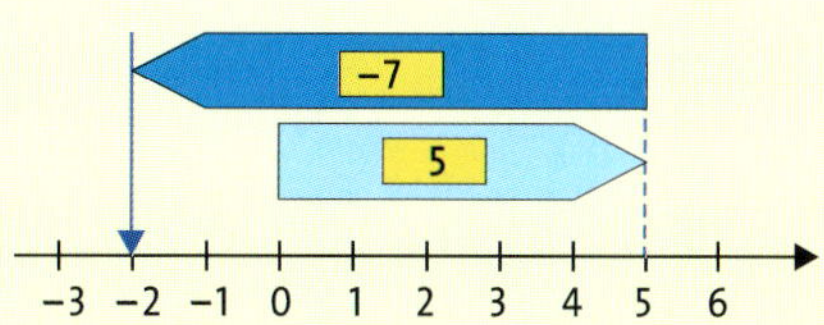

Du siehst: Wenn dir auch negative Zahlen zur Verfügung stehen, dann kannst du eine größere Zahl von einer kleineren subtrahieren.

B Subtrahieren führt zum Addieren

Es lässt sich aber noch Genaueres sagen, und das hilft dir, auch schwierigere Subtraktionen richtig auszuführen. Eine Gegenüberstellung an der Zahlengeraden mit Pfeilen zeigt es deutlich:

$14 - 17 = -3$

$14 + (-17) = -3$

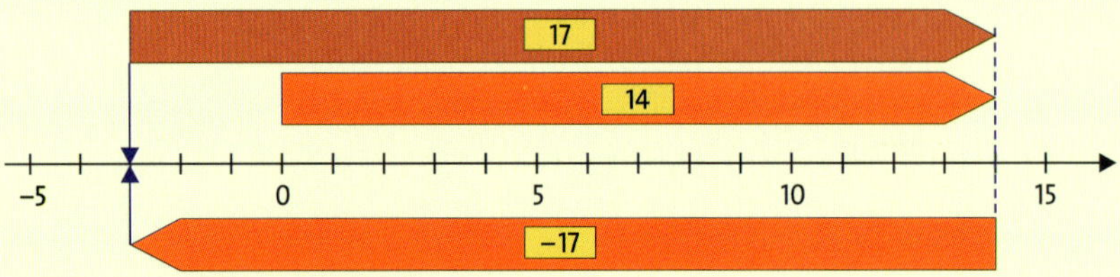

$-10 - (-6) = -4$

$-10 + 6 = -4$

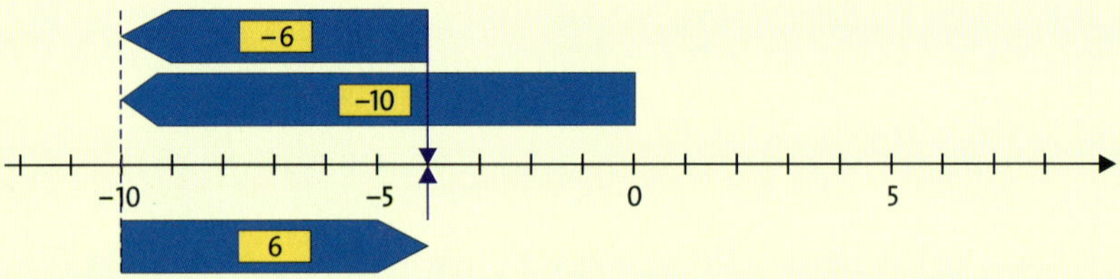

Du kannst an diesen Beispielen erkennen:
Das Subtrahieren einer *positiven* Zahl führt zum gleichen Ergebnis wie das Addieren ihrer (negativen) Gegenzahl.
Das Subtrahieren einer *negativen* Zahl führt zum gleichen Ergebnis wie das Addieren ihrer (positiven) Gegenzahl.

Subtrahieren einer Zahl und Addieren der Gegenzahl liefern also das gleiche Ergebnis. Die Regel für das Subtrahieren lautet daher:

! Eine rationale Zahl wird folgendermaßen subtrahiert.
Ihre Gegenzahl wird addiert.

Beispielaufgaben

a) $23 - 79 = 23 + (-79) = -56$
b) $18 - (-12) = 18 + 12 = 30$
c) $-41 - (-36) = -41 + 36 = -5$

Übung 1

Aufgabe		zugehörige Additionsaufgabe		Ergebnis
a) $-385-(-16)$	= ______	= ______		= ______
b) $17{,}2-32{,}8$	= ______	= ______		= ______
c) $-\frac{3}{4}-\frac{5}{8}$	= ______	= ______		= ______
d) $\frac{5}{6}-\left(-\frac{13}{15}\right)$	= ______	= ______		= ______

Überleg dir immer erst das Vorzeichen des Ergebnisses, indem du die Beträge von Minuend und Subtrahend vergleichst.

Übung 2

a) $-36-75$ **b)** $82-100$ **c)** $-15-(-51)$

d) $-62-(-93)$ **e)** $-15{,}8-24{,}3$ **f)** $4\frac{1}{2}-\left(-3\frac{1}{4}\right)$

C Gemischte Übungen

Übung 3

a) $219+48-239$ **b)** $306-405-(-114)-95$

c) $-182+(-59)-(-72)-41$ **d)** $47-(-19)-27+(-83)$

e) $-56+92-34-24$ **f)** $-153+(-87)-29-(-43)$

Übung 4

a) $-15{,}6+25-3{,}4$ **b)** $20{,}3-10{,}9-(-8{,}4)+(-3{,}1)$

c) $14{,}5+(-7{,}2)-(-3{,}5)-17{,}8$ **d)** $15{,}5-23{,}4-(-4{,}5)+(-3{,}4)$

e) $-1{,}36+(-0{,}54)-4{,}32-(-0{,}9)$ **f)** $\frac{7}{6}-\left(-\frac{3}{4}\right)-\frac{1}{6}+\left(-\frac{1}{4}\right)$

Übung 5

a) $320-(-65)$ **b)** $-159+41$ **c)** $-281-116$

d) $428-530$ **e)** $-324+751$ **f)** $-148-(-95)$

5 Rationale Zahlen multiplizieren

A Eine positive und eine negative Zahl multiplizieren

Als Regel kannst du dir merken:

!

Eine positive und eine negative Zahl werden folgendermaßen multipliziert:
1. Die Beträge werden multipliziert und
2. vor das Produkt wird das Vorzeichen – gesetzt.

Beispielaufgaben

a) $7 \cdot (-3) = -(7 \cdot 3) = -21$

b) $(-5) \cdot 6 = -(5 \cdot 6) = -30$

Übung 1

Ergänze.

	Aufgabe	Produkte der Beträge	Vorzeichen	Ergebnis
	$12 \cdot (-5)$	$12 \cdot 5 = 60$	–	-60
a)	$25 \cdot (-4)$			
b)	$(-3) \cdot 90$			

Übung 2

a) $60 \cdot (-5)$ **b)** $(-30) \cdot 7$ **c)** $0{,}3 \cdot (-0{,}7)$ **d)** $(-0{,}13) \cdot 0{,}2$

Übung 3

a) $\frac{2}{5} \cdot \left(-\frac{15}{4}\right)$ **b)** $\frac{4}{7} \cdot \left(-\frac{21}{20}\right)$

c) $\left(-\frac{3}{4}\right) \cdot \frac{32}{9}$ **d)** $\left(-\frac{2}{3}\right) \cdot \frac{3}{2}$

B Zwei negative Zahlen multiplizieren

Als Regel kannst du dir merken:

> Zwei negative Zahlen werden folgendermaßen multipliziert:
> Die Beträge werden multipliziert.

Beispielaufgaben

a) $(-7) \cdot (-9) = 7 \cdot 9 = 63$

b) $\left(-\frac{2}{5}\right) \cdot \left(-\frac{1}{8}\right) = \frac{2}{5} \cdot \frac{1}{8} = \frac{2}{40} = \frac{1}{20}$

Übung 4

Ergänze.

$(-5) \cdot (-12) = 5 \cdot 12 = 60$

a) $(-15) \cdot (-6) =$ ______ = ______

b) $(-0{,}8) \cdot (-0{,}9) =$ ______ = ______

c) $(-1{,}1) \cdot (-0{,}7) =$ ______ = ______

d) $(-0{,}7) \cdot (-20) =$ ______ = ______

Übung 5

a) $\left(-\frac{3}{5}\right) \cdot \left(-\frac{10}{3}\right)$ **b)** $\left(-\frac{3}{7}\right) \cdot \left(-\frac{7}{3}\right)$ **c)** $\left(-\frac{4}{7}\right) \cdot \left(-\frac{21}{8}\right)$ **d)** $(-12) \cdot \left(-\frac{3}{4}\right)$

C Übungen zum Multiplizieren

Hier sind die Regeln für das Multiplizieren noch einmal zusammengefasst:

> Zwei rationale Zahlen werden folgendermaßen multipliziert:
> 1. Die Beträge werden multipliziert und
> 2. falls genau ein Faktor negativ ist, wird vor das Produkt ein – gesetzt.

Übung 6

a) $7 \cdot (-5)$ **b)** $(-8) \cdot 6$ **c)** $(-9) \cdot (-7)$ **d)** $12 \cdot 8$

e) $(-15) \cdot 0$ **f)** $(-0{,}8) \cdot 7$ **g)** $2{,}1 \cdot 4$ **h)** $(-3{,}5) \cdot (-4)$

i) $1{,}1 \cdot (-0{,}2)$ **j)** $(-8) \cdot (-0{,}125)$

Übung 7

a) $\frac{7}{2} \cdot \left(-\frac{1}{14}\right)$ **b)** $\left(-\frac{5}{8}\right) \cdot \left(-\frac{4}{15}\right)$ **c)** $\frac{2}{3} \cdot \frac{8}{3}$ **d)** $\left(-\frac{3}{2}\right) \cdot \frac{4}{9}$

Das Multiplizieren mit 0; 1 oder –1 ist besonders einfach:

$0 \cdot a = 0$	Beispiel:	$0 \cdot (-6{,}5)$	$= 0$
$a \cdot 0 = 0$	Beispiel:	$\left(-\frac{2}{3}\right) \cdot 0$	$= 0$
$1 \cdot a = a$	Beispiel:	$1 \cdot (-6{,}5)$	$= -6{,}5$
$a \cdot 1 = a$	Beispiel:	$\left(-\frac{2}{3}\right) \cdot 1$	$= -\frac{2}{3}$
$(-1) \cdot a = -a$	Beispiel:	$(-1) \cdot (-6{,}5)$	$= 6{,}5$
$a \cdot (-1) = -a$	Beispiel:	$\left(-\frac{2}{3}\right) \cdot (-1)$	$= \frac{2}{3}$

Übung 8

a) $(-1) \cdot 12$ **b)** $18 \cdot 0$ **c)** $1 \cdot (-12)$ **d)** $(-18) \cdot (-1)$

D Mehr als zwei Zahlen multiplizieren

Sind drei oder mehr Zahlen miteinander zu multiplizieren, so kannst du dies schrittweise von links nach rechts tun.

Beispielaufgabe

$(-7) \cdot 3 \cdot (-5) = (-21) \cdot (-5) = 105$

Ist die Anzahl der negativen Faktoren eine *gerade* Zahl, so ist das Ergebnis *positiv*.
Ist die Anzahl der negativen Faktoren eine *ungerade* Zahl, so ist das Produkt *negativ*.
Die Anzahl der positiven Faktoren spielt dabei keine Rolle.

Du kannst also zunächst das Vorzeichen des Ergebnisses bestimmen und brauchst dann nur noch die Beträge zu multiplizieren.

Übung 9

Setze + oder – in die Kästen.

a) $(-4) \cdot (-5) \cdot 3 \cdot (-6) = \square\ 360$

b) $7{,}2 \cdot (-9) \cdot (-0{,}3) \cdot (-1{,}2) \cdot (-3{,}8) = \square\ 88{,}6464$

c) $(-\frac{5}{2}) \cdot 1{,}7 \cdot (-3\frac{1}{4}) \cdot (-5{,}2) \cdot (-0{,}3) \cdot (-0{,}01) = \square\ 0{,}215475$

E Potenzen negativer Zahlen

Beispielaufgaben

a) $(-2)^3 = \underbrace{(-2) \cdot (-2) \cdot (-2)}_{\text{3 Faktoren}} = -8$

b) $\left(-\frac{2}{3}\right)^4 = \underbrace{\left(-\frac{2}{3}\right) \cdot \left(-\frac{2}{3}\right) \cdot \left(-\frac{2}{3}\right) \cdot \left(-\frac{2}{3}\right)}_{\text{4 Faktoren}} = \frac{16}{81}$

! Ist die Hochzahl ungerade, erhält man eine negative Zahl.
Ist die Hochzahl gerade, erhält man eine positive Zahl.

Übung 10

Berechne die Potenzen. Überlege dir zunächst das Vorzeichen.

a) $(-10)^3 =$ ________

b) $(-10)^4 =$ ________

c) $(-4)^3 =$ ________

d) $(-4)^4 =$ ________

e) $\left(-\frac{5}{2}\right)^2 =$ ________

f) $\left(-\frac{5}{2}\right)^3 =$ ________

6 Rationale Zahlen dividieren

A Positive und negative Zahlen dividieren

Die Regeln lauten:

!

Eine *positive* und eine *negative* Zahl werden folgendermaßen dividiert:
1. Die Beträge werden dividiert und
2. vor den Quotienten wird das Vorzeichen – gesetzt.

Beispielaufgaben

a) $(-63) : 7 = -(63 : 7) = -9$

b) $\frac{3}{2} : \left(-\frac{12}{5}\right) = -\left(\frac{3}{2} : \frac{12}{5}\right) = -\frac{15}{24} = -\frac{5}{8}$

!

Zwei negative Zahlen werden folgendermaßen dividiert:
Die Beträge werden dividiert.

Beispielaufgaben

a) $(-21) : (-3) = 21 : 3 = 7$

b) $(-0{,}56) : (-0{,}8) = 0{,}56 : 0{,}8 = 0{,}7$

Übung 1

Ergänze.

Aufgabe	Quotient der Beträge	Vorzeichen	Ergebnis
(–60) : 30	*60 : 30 = 2*	*–*	*–2*
a) (–120) : 20			
b) (–490) : (–7)			
c) 420 : (–60)			
d) (–12,4) : 0,4			

Übung 2

a) $40 : (-8)$ b) $(-36) : (-12)$ c) $(-81) : (-0{,}9)$ d) $(-2{,}5) : 0{,}5$

e) $\left(-\frac{3}{4}\right) : \left(-\frac{5}{8}\right)$ f) $\frac{2}{7} : \left(-\frac{10}{21}\right)$ g) $5 : \left(-\frac{1}{2}\right)$ h) $(-6) : \frac{2}{3}$

B Übungen zum Dividieren

Berechne die Quotienten.

Übung 3

a) $42 : (-6)$ b) $(-56) : 7$ c) $(-60) : 5$
d) $(-36) : (-4)$ e) $120 : (-24)$

Übung 4

a) $(-5{,}6) : 8$ b) $(-6{,}3) : (-0{,}9)$ c) $(-3{,}12) : 3{,}12$
d) $0{,}72 : (-0{,}08)$ e) $(-24) : (-0{,}6)$

Übung 5

a) $\frac{7}{9} : \left(-\frac{14}{27}\right)$ b) $\left(-\frac{24}{5}\right) : \frac{8}{15}$ c) $\left(-\frac{11}{15}\right) : \left(-\frac{22}{3}\right)$

d) $\left(-\frac{5}{2}\right) : 15$ e) $(-5) : \left(-\frac{3}{4}\right)$ f) $(-9) : 36$

Übung 6

Berechne die folgenden Quotienten – wenn möglich.
Kontrolliere deine Ergebnisse durch Proben.

a) $4 : 1 =$ ______

$(-4) : 1 =$ ______

$1 : 4 =$ ______

$1 : (-4) =$ ______

b) $0 : 4 =$ ______

$0 : (-4) =$ ______

$4 : 0 =$ ______

$(-4) : 0 =$ ______

Wenn man 0 durch eine positive oder negative Zahl dividiert, so ist das Ergebnis 0.	$0 : (-3) = 0$
Aber keine rationale Zahl darf durch 0 dividiert werden.	$4 : 0$
Wenn man eine rationale Zahl durch 1 dividiert, erhält man stets den Dividenden als Ergebnis.	$(-5) : 1 = -5$
Wenn aber 1 durch eine rationale Zahl dividiert wird, so ist das Ergebnis der Kehrwert des Divisors.	$1 : (-7) = -\frac{1}{7}$

Übung 7

Berechne – wenn möglich.

a) $0 : \left(-\frac{5}{6}\right) =$ _____ b) $1 : \left(-\frac{5}{6}\right) =$ _____ c) $\left(-\frac{5}{6}\right) : 1 =$ _____

d) $\left(-\frac{5}{6}\right) : 0 =$ _____ e) $\left(-\frac{5}{6}\right) : (-1) =$ _____ f) $(-1) : \left(-\frac{5}{6}\right) =$ _____

C Vermischte Aufgaben

Übung 8

Fülle die Tabelle aus.

	x	y	$x+y$	$x-y$	$y-x$	$x \cdot y$	$x:y$	$y:x$
a)	−65	13						
b)	−90	−10						
c)	4,2	−6						
d)	−0,8	2,4						
e)	35		34,5					
f)	−2,7					0,81		
g)		0,5					−0,8	
h)	$\frac{1}{4}$			$\frac{5}{8}$				

Übung 9

Beachte die Vorrangregeln: Klammern zuerst, dann Punkt vor Strich.

a) $47 - (-8) \cdot (-7)$

b) $3 \cdot (-9) + (-5) \cdot 4$

c) $-44 + (-72) : 9$

d) $94 - (25 - 33) \cdot (-12)$

e) $(28 - 41) \cdot (69 - 58)$

f) $-29 + (15 - 81) : 11$

Übung 10

a) $(-0{,}8) \cdot (-10{,}5 + 6{,}5)$

b) $0{,}5 \cdot (-5{,}6) - (-2{,}4) : 3$

c) $15{,}2 - (2{,}2 + 45 \cdot 0{,}4)$

d) $-13 + (-1{,}2) \cdot (-6) - 1{,}9$

e) $(18{,}5 - 19{,}3) : (3{,}6 - 4)$

f) $-30{,}2 - 4{,}5 : 9 + 28{,}2$

Übung 11

a) $\left(-\frac{3}{5}\right) \cdot \frac{1}{4} + \frac{7}{10} \cdot \left(-\frac{1}{2}\right)$

b) $-\frac{1}{3} + \frac{3}{4} \cdot \frac{8}{9} - \frac{5}{3}$

c) $\frac{4}{5} : (-8) + \frac{1}{2} \cdot \left(-\frac{3}{5}\right)$

d) $6 - 6 \cdot \left(-\frac{5}{9}\right) : \frac{2}{3}$

e) $\left(\frac{3}{8} - \frac{3}{2}\right) : \left(-\frac{1}{2} + \frac{4}{5}\right)$

f) $0{,}8 + \frac{1}{2} \cdot \left(-\frac{3}{5}\right)$

Übung 12

a) $24 - (39 + 14) + (49 - 85) - (20 - 15)$

b) $0{,}4 - (1{,}8 - 2{,}6) - (1{,}2 + 3{,}5) + (5{,}8 - 6{,}5)$

c) $\frac{1}{2} - \frac{3}{5} - \left(\frac{1}{4} - \frac{3}{5}\right)$

d) $\frac{5}{7} - \left(\frac{2}{7} + \frac{3}{5}\right) + \frac{8}{5}$

e) $\frac{5}{9} - \left(\frac{3}{5} - \frac{2}{9}\right) + \frac{3}{5}$

f) $-\frac{2}{3} + \left(\frac{3}{4} - \frac{1}{3}\right) - 0{,}5$

Übung 13

a) $96 : (-12) \cdot 5$

b) $(-60) : [4 \cdot (-3)]$

c) $14 \cdot (-9) : 6$

d) $(-8 + 85) : [44 : (-4)]$

e) $(-3) \cdot (-4 + 19)$

f) $2 - 16 \cdot (-5)$

g) $(25 - 32) \cdot (64 - 70)$

h) $28 : (-4) - 3 \cdot (15 - 21)$

i) $(11 - 3 \cdot 4) \cdot (740 - 812)$

j) $5 \cdot (-4) - 18 : (-3) + (-2) \cdot (-7)$

Termumformungen und Gleichungen

1 Terme und Variable

Frage: Was ist ein Term?

Ein Term ist nichts anderes als ein Rechenausdruck, der allein auf einer Seite einer Gleichung oder Ungleichung stehen kann.
Beispiele: $3 \cdot 2$; 5; $7 \cdot 4 - 9$; $8 \cdot (4-6)^2$; … sind Terme ohne Variable.
y; $3 \cdot x$; $4\,u \cdot (3x-5)$; b^2 … sind Terme mit Variablen.

Frage: Was ist eine Variable?

Die Buchstaben x, y, u, usw. stehen für Variable.
Variable sind Platzhalter für irgendwelche rationale Zahlen.
Normalerweise verwendet man für die Variablen Buchstaben. Es sind aber auch ohne weiteres andere Zeichen wie □, α, β, γ, ♣, … möglich.
Zu beachten ist hier, dass der Mathematiker häufig das Mal-Zeichen vor Variablen und vor Klammern weglässt, also zum Beispiel $5u$ statt $5 \cdot u$ oder xy statt $x \cdot y$ oder $3x(4+y)$ statt $3x \cdot (4+y)$ schreibt.

Der Term $4y \cdot (3x-6)$ hat zum Beispiel für $x = 4$ und $y = 2$ den Wert
$4 \cdot 2 \cdot (3 \cdot 4 - 6) = 8 \cdot (12-6) = 8 \cdot 6 = 48$.

Übung 1

Berechne den Wert des Terms $4y \cdot (3x-6)$ für $x = 2$ und $y = 5$.

4 ____ (3 ____ – 6) = ____________ = _______ = _______

Beispielaufgabe

Pension A hat 5 Doppel- und 8 Einzelzimmer, Pension B hat 8 Doppel- und 4 Einzelzimmer. Wie viele Betten hat jede Pension?
Da ein Doppelzimmer 2 Betten und ein Einzelzimmer 1 Bett hat, geht die Rechnung dann so:

Pension A: $2 \cdot 5 + 1 \cdot 8 = 10 + 8$
$= 18$

Pension B: $2 \cdot 8 + 1 \cdot 4 = 16 + 4$
$= 20$

Mit Variablen kann man nun einen Term für jede Pension mit x Doppel- und y Einzelzimmern angeben, nämlich:
Term: $2 \cdot x + 1 \cdot y = 2x + y$.

Übung 2

Gib einen Term zu folgenden Aufgaben an:

a) Wie viele Beine haben x Kaninchen und y Tauben?

Term: ______________________________

b) Welchen Umfang hat ein Viereck mit den Seitenlängen a, b, c und d?

Term: ______________________________

c) Gib einen Term für die Monatseinnahmen eines Schülers an, der neben seinem Taschengeld von x € noch jeweils 5 € für jede schriftliche „1" und jeweils 2 € für jede schriftliche „2" erhält. Wähle für die Anzahl der „1"-er die Variable e und für die Anzahl der „2"-er die Variable z.

Term: ______________________________

! Variable kann man zum Beispiel dann sinnvoll einsetzen, wenn man Terme benötigt, die sich nur in Zahlen unterscheiden, aber ansonsten gleich aufgebaut sind.

Übung 3

Erstelle einen Term zu folgenden Aufgaben.

a) Gib einen Term für das Produkt zweier aufeinander folgender Zahlen an.
b) Vergrößere eine Zahl um 3 und multipliziere dann mit (– 8).
c) Dividiere das Produkt zweier um 3 verschiedener Zahlen durch ihre Differenz.

Übung 4

Berechne den Wert des Terms
$x \cdot (2x + 1)$ für $x = -1; 0; 1; 2; 3$.

2 Vereinfachen von Termen

A Multiplikation einfacher Terme mit Variablen

Frage: Was verstehen wir unter einem einfachen Term?

Als einfachen Term wollen wir das Produkt einer Zahl mit Potenzen von Variablen bezeichnen. Zum Beispiel ist $3x^5yz^2$ ein einfacher Term.

! Einfache Terme multipliziert man, indem man zunächst die Zahlenfaktoren und dann die Variablenpotenzen mit denselben Basen multipliziert. Dabei ist es sinnvoll, die Variablen alphabetisch zu ordnen.

Beispielaufgabe

$12xy^2z^3 \cdot 5x^4y^2$
$= (12 \cdot 5) \cdot (x \cdot x^4) \cdot (y^2 \cdot y^2) \cdot (z^3)$
$= (12 \cdot 5) \cdot (x \cdot x \cdot x \cdot x \cdot x) \cdot (y \cdot y \cdot y \cdot y) \cdot z^3$
$= 60x^5y^4z^3$

Überlegungen: Ich kann wegen des Kommutativgesetzes der Multiplikation die Faktoren beliebig vertauschen. Ein Produkt, wie zum Beispiel $x \cdot x^4$, kann man auch kürzer berechnen: In x steckt 1-mal der Faktor x und in x^4 steckt 4-mal der Faktor x. Also besteht das Produkt aus 5-mal dem Faktor x.

Übung 1

$4st^3 \cdot 7u^2s^4t$

= ______________________________

= ______________________________

Überlegungen: Vertausche die Faktoren und berechne.

Beispielaufgabe

$72x^5y^5 : (8xy^3)$
$= 72x^5y^5 : 8 : x : y^3$
$= (72 : 8)(x^5 : x)(y^5 : y^3)$
$= 9\,(xxxxx : x) \cdot (yyyyy : y : y : y)$
$= 9x^4y^2$

Überlegungen: Ich muss durch jeden Faktor von $8xy^3$ dividieren. Bei der Division fällt 1-mal der Faktor x und 3-mal der Faktor y weg, da $x : x = 1$ bzw. $y : y = 1$ ist.

Übung 2

$42c^5d^2 : (7c^2d)$

= ______________________________

= ______________________________

= ______________________________

Überlegungen: Zahl durch Zahl und Variable durch Variable dividieren und berechnen.

Übung 3

Vereinfache!

a) $8a \cdot 4b$ **b)** $-2u^2 \cdot 5u \cdot (-6u^3)$ **c)** $28vw^2 \cdot 5v^3w^2$

d) $(-5xyz) \cdot (8xy^2)$ **e)** $32a^7b^4 : (8a^2b^2)$ **f)** $26s^2t : (-13st)$

B Addition und Subtraktion von Termen

Bei der Addition von Termen und Variablen musst du genau aufpassen, ob die Variablen der einzelnen Summanden gleich sind.

!

1. Terme mit gleichen Variablen werden addiert (subtrahiert), indem man die Zahlen vor der Variablen addiert (subtrahiert) und die gemeinsame Variable dahinterschreibt.
2. Terme mit verschiedenen Variablen kann man nicht addieren (subtrahieren).

Achtung: Bei gleicher Basis aber unterschiedlichem Exponenten handelt es sich um verschiedene Variable.

Beispielaufgabe

$7 \cdot u + 5 \cdot u = (7 + 5)u$

$= 12u$

Überlegungen: Man addiert die Zahlen 7 und 5 und schreibt die gemeinsame Variable *u* hinter die Summe.

Übung 4

$8t - 5t =$ ____________ = ____________

Beispielaufgabe

$6x^2 - 2x = ?$

Überlegungen: Diese Differenz kann man nicht vereinfachen, da x^2 und x verschiedene Variable sind.

Übung 5

Entscheide, ob man den folgenden Term vereinfachen kann, und rechne gegebenenfalls:

$4z - 4 =$ ______________

Beispielaufgabe

$4xy - 12yx = 4xy - 12xy$
$= (4 - 12)\,xy$
$= -8xy$

Überlegungen: Wenn wir die Variablen alphabetisch sortieren, erkennen wir, dass es sich um dieselbe Variable handelt.

Übung 6

Fasse so weit wie möglich zusammen:

$8s^2t - 14ts^2 + 7s^2t =$ ______________ $=$ ______________

Beispielaufgabe

$$5z - 5 + 2z - 3 = \underbrace{(5z + 2z)}_{} - \underbrace{5 - 3}_{}$$
$$= 7z - 8$$

Überlegungen: Wegen des Kommutativgesetzes der Addition kann man die Summanden geeignet vertauschen.

Übung 7

$3x - 5y + 2y + 8x =$ ______________ $=$ ______________ $=$ ______________

Übung 8

Schreibe als möglichst einfache Summe.

a) $5p + 9p$
b) $3x^2 - 7x^2 + 9x^2$
c) $4u^2 - 3u + 9u - 2u^2$
d) $-a + 12 + 7a - 13$
e) $-4st + 11s^2t + 5ts + 7s^2t$
f) $13xy + 8x^2y - 5yx^2 + 7xy^2$

C Multiplikation einer Summe mit einer Zahl

Das Distributivgesetz $a \cdot (b + c) = a \cdot b + a \cdot c$ gilt auch für Terme mit Variablen.

Beispielaufgabe

$5 \cdot (3x + 2y) = 5 \cdot 3x + 5 \cdot 2y$
$= 15x + 10y$

Überlegungen: Multipliziere die Zahl 5 mit jedem Summanden.

Die Multiplikation eines einfachen Terms mit einer Summe geht daher mit dem Distributivgesetz:

Ein einfacher Term wird mit einer Summe multipliziert, indem man ihn mit jedem Summanden multipliziert und dann addiert.

Übung 9

$9 \cdot (8t - 4s) =$ ____________ = ____________

Beispielaufgabe

$2u\,(3r - 7u)$
$= 2u \cdot 3r - 2u \cdot 7u$
$= 2 \cdot 3 \cdot u \cdot r - 2 \cdot 7 \cdot u \cdot u$
$= 6ru - 14u^2$

Überlegungen: Multipliziere $2u$ mit $3r$ und $7u$.
(Distributivgesetz)
(Kommutativgesetz)

Übung 10

$6p\,(5p + 3) =$ ____________ = ____________

Beispielaufgabe

$(4r - 7s) \cdot (-5rs)$
$= (-5rs)\,(4r - 7s)$
$= -20r^2s + 35rs^2$

$(4r - 7s) \cdot (-5rs)$
$= -20r^2s + 35rs^2$

Überlegungen: Wegen des Kommutativgesetzes der Multiplikation kann ich die Faktoren vertauschen.

Du erhältst dieses Ergebnis auch ohne Vertauschen der Faktoren.

Auch für die Division gilt das Distributivgesetz $(a + b) : c = a : c + b : c$.

Beispielaufgaben

a) $(27a^2 + 18ab) : (9a) = 27a^2 : (9a) + 18ab : (9a) = 3a + 2b$

b) $(7z^2 + 21xz - 14z) : (-14z)$

Überlegung: Beachte den letzten Summanden 1.

$= 7z^2 : (-14z) + 21xz : (-14z) - 14z : (-14z)$

$= -0{,}5z - 1{,}5x + 1$

Übung 11

$(-7x + 35xy - 14x^2) : (7x) =$ ______________________

____

Übung 12

Löse die Klammern auf und vereinfache.

a) $x(x + 2)$ $= x^2 + 2x$

b) $4(5r + 2s - 7t)$ $= 20r + 8s - 28t$

c) $5u^2w(9w - 4uw + 12uw^2)$

d) $(9s - 8t) \cdot 2s$

e) $(52p - 39) : 13$

f) $(21x^3y^4z + 49x^2yz^2 - 56x^4y^2z^3) : (7x^2z)$

D Multiplikation von Summen

1. Zwei Summen werden folgendermaßen miteinander multipliziert: Man multipliziert jeden Summanden der einen Summe mit jedem Summanden der anderen Summe und addiert dann.
2. Bei drei oder mehr Summen geht man schrittweise vor: Zuerst multipliziert man 2 Summen, dann das Ergebnis mit der dritten Summe, usw.

Beispielaufgabe

$$(3 + 4x) \cdot (2u - 5)$$

$$= \underbrace{3 \cdot 2u}_{6u} + \underbrace{3 \cdot (-5)}_{-15} + \underbrace{4x \cdot 2u}_{+8ux} + \underbrace{4x \cdot (-5)}_{-20x}$$

$$= 6u \quad -15 \quad +8ux \quad -20x$$

Überlegungen: Ersten Summanden der ersten Klammer mit jedem Summanden der zweiten Klammer multiplizieren.
Dann den zweiten Summanden der ersten Klammer mit jedem Summanden der zweiten Klammer multiplizieren.

Übung 13

$(4s - 2t)(5s + 1) = 4s \cdot 5s +$ ______________________________

$=$ ____

$=$ ____

Beispielaufgabe

$$(5a^2 - 3a - 2)(2a - 7)$$
$$= 10a^3 - 35a^2 - 6a^2 + 21a - 4a + 14$$
$$= 10a^3 - 41a^2 + 17a + 14$$

Überlegungen: Jeder Summand der ersten Klammer muss mit jedem Summanden der zweiten Klammer multipliziert werden.
Die Summandenzahl $2 \cdot 3 = 6$ stimmt. Ich addiere.

Übung 14

$(2x + 3y)(-4x + y + 2) =$ ________________________________

$=$ ________________________________

$=$ ________________________________

Übung 15

Multipliziere aus und vereinfache.

a) $(3a + 5b)(2a + b)$

b) $(7q - 5)(10 - 3q)$

c) $(3 + 4x)(2 - 5x)$

d) $(6s^2 - 7s - 5t)(2s - 3t)$

e) $(2x - 3y + z)(4x - 3y - z)$

f) $(x^4 + x^3 + x^2 + x + 1)(x - 1)$

E Die binomischen Formeln

Die binomischen Formeln haben folgende Form:
1. binomische Formel: $(a+b)^2 = a^2 + 2ab + b^2$
2. binomische Formel: $(a-b)^2 = a^2 - 2ab + b^2$
3. binomische Formel: $(a-b)\cdot(a+b) = a^2 - b^2$

Beispielaufgaben

a) 1. binomische Formel:

$$\begin{aligned}(a+b)^2 &= a^2 + 2\cdot a\cdot b + b^2\\ (2x+3y)^2 &= (2x)^2 + 2\cdot 2x\cdot 3y + (3y)^2\\ (2x+3y)^2 &= 4x^2 + 12xy + 9y^2\end{aligned}$$

Überlegungen: $a \mathrel{\hat{=}} 2x$; $b \mathrel{\hat{=}} 3y$

b) 2. binomische Formel:

$$\begin{aligned}(a-b)^2 &= a^2 - 2\cdot a\cdot b + b^2\\ (2x-3y)^2 &= (2x)^2 - 2\cdot 2x\cdot 3y + (3y)^2\\ (2x-3y)^2 &= 4x^2 - 12xy + 9y^2\end{aligned}$$

Bemerkung: Der einzige Unterschied zur 1. binomischen Formel ist hier das Minuszeichen vor dem mittleren Summanden.

c) 3. binomische Formel:

$$\begin{aligned}(a-\mathrm{b})\cdot(a+\mathrm{b}) &= a^2 - b^2\\ (3x-5)\cdot(3x+5) &= (3x)^2 - 5^2\\ &= 9x^2 - 25\end{aligned}$$

Überlegung: Wegen des Kommutativgesetzes der Multiplikation erhält man dasselbe Ergebnis, wenn man die beiden Klammern vertauscht, also die erste Klammer die Summe und die zweite Klammer die Differenz ist.

Übung 16

a) $(3s-5)^2 =$ ____________________

$=$ ____________________

Überlegungen: Zutreffende binomische Formel wählen und Summanden nach der Formel berechnen.

b) $(4x+11)^2 =$ ____________________

$=$ ____________________

Überlegungen: Zutreffende binomische Formel wählen und Summanden nach der Formel berechnen.

c) $(8v + 15w)(8v - 15w) =$ ____________

$=$ ____________

Überlegungen: Zutreffende binomische Formel wählen und Summanden nach der Formel berechnen.

Übung 17

Berechne mit Hilfe der binomischen Formeln.

a) $(x-2)^2$ **b)** $(3p+7)^2$ **c)** $(8x+y)^2$

d) $(9u-1)^2$ **e)** $(4s-5t)(4s+5t)$ **f)** $(3a+b)(3a-b)$

g) $(r^2-4)(r^2+4)$ **h)** $(7cd-12)(7cd+12)$ **i)** $(7u-2w^3)^2$

3 Verwandeln einer Summe in ein Produkt

Unser Ziel soll es sein, einen als Summe gegebenen Term in ein Produkt mit möglichst einfachen Faktoren zu verwandeln. Man nennt diesen Vorgang auch **Faktorisieren** oder **Zerlegen in Faktoren**.

A Faktorisieren durch Ausklammern

Distributivgesetz: $a \cdot b + a \cdot c = a \cdot (b + c)$

!

Eine Zahl oder eine Variable, die in jedem Summanden einer Summe als Faktor vorhanden ist, kann ausgeklammert, das heißt, als Faktor vor oder hinter die Summe geschrieben werden.
Die Summanden in der Klammer erhält man dann, indem man jeden Summanden durch den ausgeklammerten Faktor dividiert.
Bei mehreren gemeinsamen Faktoren muss man diese nicht auf einmal ausklammern, sondern man kann dies auch in mehreren Schritten tun.

Beispielaufgabe

$15x + 12y$

Überlegungen: Man erkennt, dass die Zahl 3 als Faktor in den beiden Summanden vorkommt ($15x = 3 \cdot 5x$ und $12y = 3 \cdot 4y$), also kann man die Zahl 3 ausklammern.

$= 3\,(5x + 4y)$

Es gilt: $15x : 3 = 5x$ und $12y : 3 = 4y$
Probe: Wenn man die Zahl 3 und die Summe $5x + 4y$ miteinander multipliziert, kommt der urspüngliche Term $15x + 12y$ heraus.

Übung 1

a) $28a + 56b =$ ____________________

b) $32c - 24d =$ ____________________

Überlegungen: Welcher gemeinsame Faktor steckt in beiden Summanden?

Beispielaufgabe

$5a^3 + 7ab$
$= a\,(5a^2 + 7b)$

Überlegungen: In den beiden Summanden ($5a^3 = 5a^2 \cdot a$ und $7ab = 7b \cdot a$) steckt die Variable a als gemeinsamer Faktor, also kann man a ausklammern.

Übung 2

$17s^2t - 5t =$ ____________________

Beispielaufgabe

$36x^3y - 48x^2y + 42xy^2$

$= xy\,(36x^2 - 48x + 42y)$
$= 6xy\,(6x^2 - 8x + 7y)$

Überlegungen: Gemeinsame Faktoren der 3 Summanden sind hier zunächst die Variablen x und y, also kann man zunächst xy ausklammern.
In den Summanden des Klammerausdrucks ist der gemeinsame Faktor 6 enthalten. Selbstverständlich hätte man auch den Faktor $6xy$ auf einmal oder zuerst den Faktor $2x$ und dann den Faktor $3y$ ausklammern können.

Übung 3

Klammere so weit wie möglich aus.

a) $30z + 45$ **b)** $p^3 - 3p$ **c)** $36s^2 - 42s$
d) $v^4 - v^3 + v^2$ **e)** $39x^3y - 52x^2y^2 + 26x^2yz$

B Faktorisieren mit Hilfe der binomischen Formeln

Nun ist unser Ziel, mit Hilfe der binomischen Formeln eine Summe mit 2 oder 3 Summanden in ein Produkt zu verwandeln.
Hier noch einmal die binomischen Formeln:

1. $(a+b)^2 = a^2 + 2ab + b^2$
2. $(a-b)^2 = a^2 - 2ab + b^2$
3. $(a-b)\cdot(a+b) = a^2 - b^2$

Wichtig ist, die Quadratzahlen bis 20^2 zu kennen. Es sind dies die Zahlen 1; 4; 9; 16; 25; 36; 49; 64; 81; 100; 121; 144; 169; 196; 225; 256; 289; 324; 361 und 400. Diese Quadratzahlen musst du unbedingt lernen, außerdem noch $25^2 = 625$.

1. Die binomischen Formeln kannst du nur dann zum Faktorisieren verwenden, wenn die Summe aus 2 oder 3 Summanden besteht.
2. Die 3. binomische Formel kannst du immer dann anwenden, wenn du die Differenz zweier Quadrate vor dir hast.
3. Bei der 1. oder 2. binomischen Formel benötigst du zwei positive Quadrate und einen weiteren passenden Summanden.

Beispielaufgaben

a) Verwenden der 3. binomischen Formel:

$$\begin{array}{lcccccccccc} \text{Formel:} & a^2 & - & b^2 & = & (a & - & b) & (a & + & b) \\ & | & & | & & | & & | & | & & | \\ \text{Term:} & x^2 & - & 4y^2 & = & (x & - & 2y) & (x & + & 2y) \end{array}$$

Überlegungen:
Aus $a^2 \mathrel{\hat{=}} x^2$ folgt $a \mathrel{\hat{=}} x$.
Aus $b^2 \mathrel{\hat{=}} 4y^2$ folgt $b \mathrel{\hat{=}} 2y$.

b) Verwenden der 2. binomischen Formel:

$$\begin{array}{lccccccccc} \text{Formel:} & a^2 & - & \underbrace{2ab} & + & b^2 & = & (a & + & b)^2 \\ & | & & & & | & & | & & | \\ \text{Term:} & 36s^2 & - & 84st & + & 49t^2 & = & (6s & - & 7t)^2 \end{array}$$

Überlegungen:
Aus $a^2 \mathrel{\hat{=}} 36s^2$ folgt $a \mathrel{\hat{=}} 6s$.
Aus $b^2 \mathrel{\hat{=}} 49t^2$ folgt $b \mathrel{\hat{=}} 7t$.
Wegen $2 \cdot 6s \cdot 7t = 84\,st$ stimmt auch der dritte Summand.

c) Verwenden der 1. binomischen Formel:

$$\begin{array}{lccccccccc} \text{Formel:} & a^2 & + & \underbrace{2\mathrm{ab}} & + & b^2 & = & (a & + & b)^2 \\ & | & & & & | & & | & & | \\ \text{Term:} & 9x^2 & + & 3x & + & 1 & \neq & (3x & + & 1)^2 \end{array}$$

Aus $a^2 \mathrel{\hat{=}} 9x^2$ folgt $a \mathrel{\hat{=}} 3x$.
Aus $b^2 \mathrel{\hat{=}} 1$ folgt $b \mathrel{\hat{=}} 1$.
Wegen $2 \cdot 3x \cdot 1 = 6x \neq 3x$ stimmt der dritte Summand nicht.
Folglich kann die 1. binomische Formel nicht angewandt werden.

Übung 4

Prüfe mit Hilfe der binomischen Formeln, ob die Summen in Produkte verwandelt werden können.

a) Term: $4s^2 - 25t^2$

b) Term: $16r^2 - 9rx + x^2$

c) Term: $121u^2 + 44u + 4$

Übung 5

Schreibe die folgenden Summen unter Verwendung der binomischen Formeln als Produkt bzw. begründe gegebenenfalls, warum dies nicht möglich ist.

a) $u^2 - 49$ **b)** $x^2 + 4y^2$ **c)** $4a^2 - 25b^2$

d) $r^2 + 16r + 64$ **e)** $49x^2 + 112xy + 64y^2$ **f)** $121z^2 - 22z + 1$

C Linearfaktorzerlegung

In diesem Abschnitt lernst du, geeignete Polynome 2. Grades mit 3 Summanden auch dann in ein Produkt zu verwandeln, wenn du keine binomischen Formeln anwenden kannst. „Geeignete Polynome" heißt, dass es nicht mit jedem Polynom 2. Grades geht.
Die Polynome, die wir hier behandeln wollen, haben die Form: $x^2 + ax + b$ mit ganzzahligen Koeffizienten a und b, und das Ergebnis ist dann das Produkt zweier Linearfaktoren: $(x + c)\,(x + d)$ mit geeigneten ganzen Zahlen c und d.
Die Zahlen c und d findet man dann nach folgender Regel:

> Um das Polynom $x^2 + ax + b$ in Faktoren zu zerlegen, sucht man 2 ganze Zahlen c, d so, dass das Produkt dieser Zahlen die Zahl b und die Summe dieser Zahlen die Zahl a ergibt.
> Es gilt dann: $x^2 + ax + b = (x + c)\,(x + d)$.

Beispielaufgabe

$x^2 - 4x + 3$

Überlegungen: Das Produkt der gesuchten Zahlen muss +3 sein. Die in Frage kommenden Zahlen c, d können dann nur 1 und 3 oder –1 und –3 sein, da $1 \cdot 3 = 3$ und $(-1) \cdot (-3) = 3$ ist.

$= (x - 1)\,(x - 3)$

$-3 + (-1) = -4$ ist richtig.

Probe: $(x - 1)\,(x - 3) = x^2 - 4x + 3$

Übung 6

$x^2 + 12x + 11$
$= (x \_\_\_\_\_\_\_\_\_\_)(x \_\_\_\_\_\_\_\_\_\_)$

Überlegungen: $c \cdot d = 11 \rightarrow c =$ ______ und $d =$ ______ oder $c =$ ______ und $d =$ ______ .

Beispielaufgabe

$y^2 - 7y - 8$

$= (y + 1)(y - 8)$

Überlegungen: Wegen der Bedingung $cd = -8$ kommen für $(c; d)$ nur die Zahlenpaare $(-1; 8)$; $(1; -8)$; $(-2; 4)$ und $(2; -4)$ in Frage. Von diesen Zahlenpaaren ergibt sich nur bei $(1; -8)$ die richtige Summe $1 + (-8) = -7$.

Übung 7

$a^2 - a - 12$

Überlegungen: $c \cdot d = -12 \rightarrow$ mögliche Zahlenpaare $(c; d)$ sind: (___ ; ___);
(___ ; ___); (___ ; ___); (___ ; ___);
(___ ; ___); (___ ; ___);

= ______________________________

richtige Summe: ________________

Beispielaufgabe

$z^2 - 6z + 25$

Überlegungen: Wegen $cd = 25$ kommen nur die Zahlenpaare $(1; 25)$; $(-1; -25)$ und $(5; -5)$ in Betracht. Da alle diese Paare die falsche Summe ergeben, kann man hier diese Methode nicht anwenden.

Übung 8

Zerlege wenn möglich in Linearfaktoren.

a) $z^2 + 7z + 10$ **b)** $a^2 - 8a + 15$ **c)** $x^2 - 9x - 10$
d) $y^2 + 11y - 42$ **e)** $p^2 - 3p - 10$ **f)** $x^4 + x^2 - 42$

Gleichungen und Ungleichungen

1 Einfache Gleichungen und Ungleichungen

In diesem Abschnitt lernst du, die Lösungsmenge einer Gleichung der Form $ax + b = cx + d$ zu bestimmen und auch entsprechende Ungleichungen sicher zu lösen. Durch eine Probe kannst du dann deine Rechnung überprüfen. Man vereinfacht die Gleichung bzw. Ungleichung schrittweise durch Äquivalenzumformungen, bei denen die Lösungsmenge der Gleichung bzw. Ungleichung unverändert bleibt.

A Gleichungen

!

Äquivalenzumformungen bei Gleichungen sind:

1. Addition und Subtraktion mit derselben Zahl auf beiden Seiten der Gleichung.
2. Multiplikation und Division mit derselben von null verschiedenen Zahl auf beiden Seiten der Gleichung.

Beispielaufgaben

a) $x + 3 = 10; G = \mathbb{Q}$

$x + 3 = 10 \mid -3$

$x = 7$

$L = \{7\}$

Überlegungen: Grundmenge ist $\mathbb{Q}$, die Menge der rationalen Zahlen. Diese Angabe wird meist weggelassen. Subtrahiere 3 auf beiden Seiten. Schreibe noch die Lösungsmenge auf.

b) $-3x = 30 \mid :(-3)$

$x = -10$

$L = \{-10\}$

Überlegungen: Dividiere beide Seiten durch –3. Vergiss nicht die Lösungsmenge.

c) $-3x + 5 = 35 \mid -5$

$-3x = 30 \mid :(-3)$

$x = -10$

$L = \{-10\}$

Überlegungen: Zuerst die Addition oder Subtraktion. Dann die Division. Vergiss nicht die Lösungsmenge.

Übung 1

Löse mit einer Äquivalenzumformung.

a) $x - 11 = 13$ **b)** $x + \frac{1}{3} = \frac{1}{2}$ **c)** $x + 1{,}5 = -0{,}3$

d) $3x = 12$ **e)** $0{,}1x = -4$ **f)** $-\frac{1}{2}x = 5$

Übung 2

Löse mit zwei Äquivalenzumformungen.

a) $2x + 6 = 26$ **b)** $\frac{1}{2}x - 2 = 10$ **c)** $3x + 4 = 0$

Nun lösen wir etwas schwierigere Gleichungen, zum Beispiel $5x - 7 = 3x + 8$.

Zum Lösen einer Gleichung der Form $ax + b = cx + d$ mit rationalen Zahlen a, b, c und d geht man folgendermaßen vor:

1. Durch Addition oder Subtraktion bringt man die Summanden mit der Variablen x auf die eine und die Absolutglieder auf die andere Seite der Gleichung.
2. Anschließend dividiert man durch die Beizahl der Variablen.
3. Man schreibt die Lösungsmenge auf.

Beachte: Schreibe die Gleichheitszeichen stets untereinander.

Beispielaufgabe

$5x - 7 = 3x + 8 \quad |-3x$

Überlegungen: Subtrahiere $3x$. Durch diese Äquivalenzumformung werden alle Summanden mit der Variablen auf die linke Seite der Gleichung gebracht.

$2x - 7 = 8 \quad |+7$

Addiere 7.

$2x = 15 \quad |:2$

Dividiere durch die Beizahl von x.

$x = \frac{15}{2}$

Wir schreiben noch die Lösungsmenge auf.

$L = \left\{\frac{15}{2}\right\}$

Bei der Probe setzen wir das Lösungselement in den linken Term (lT) und den rechten Term (rT) ein und berechnen beide für sich.
Ergibt sich für *beide* Terme derselbe Zahlenwert, ist das Ergebnis richtig.

Beispielaufgabe

Probe für obige Gleichung $5x - 7 = 3x + 8$

lT $= 5 \cdot \frac{15}{2} - 7$

$= \frac{75}{2} - \frac{14}{2}$

$= \frac{61}{2}$

rT $= 3 \cdot \frac{15}{2} + 8$

$= \frac{45}{2} + \frac{16}{2}$

$= \frac{61}{2}$

Übung 3

$9x + 12 = 5 - 5x$ | ____

____ = ____ | ____

____ = ____ | ____

$x =$ ____

$L = \{$ ____ $\}$

Überlegungen: Variable nach links, Absolutglieder nach rechts.

Lösungsmenge aufschreiben.

Probe: lT = ____

= ____

= ____

rT = ____

= ____

= ____

Beispielaufgaben

a) $5p - 9 = 5p - 12 \quad | -5p$

$-9 = -12$

$L = \{\ \}$ oder $L = \emptyset$

Überlegungen: Die Aussage in der letzten Zeile ist falsch, so dass sich kein p finden lässt, das die gegebene Gleichung löst. Es existiert also keine Lösung. Die Lösungsmenge ist dann die leere Menge.
Im Folgenden wird die erste Schreibweise benutzt.

b) $7x + 14 = 7x + 14 \quad | -7x$

$14 = 14$

$L = \mathbb{Q}$

Überlegungen: Die Aussage in der zweiten Zeile ist richtig. Daher ist die Gleichung allgemein gültig, das heißt: ich kann jedes $x \in \mathbb{Q}$ einsetzen.

Übung 4

Löse die Gleichungen.

a) $4x - 5 = 4x$ **b)** $8 - 3x = 11$ **c)** $3x + 5 = 5 + 3x$

B Ungleichungen

Äquivalenzumformungen bei Ungleichungen sind:

1. Addition und Subtraktion mit derselben Zahl auf beiden Seiten der Ungleichung.
2. Multiplikation und Division mit derselben *positiven* Zahl auf beiden Seiten der Ungleichung.
3. Multiplikation und Division mit derselben *negativen* Zahl auf beiden Seiten der Ungleichung, wobei sich das *Ungleichheitszeichen umkehrt* (Aus < wird >, aus ≦ wird ≧ und umgekehrt.).

Beispielaufgaben

a)

$$\begin{aligned} -2u + 24 &> -8 - 7u \quad &&| +7u \\ 5u + 24 &> -8 &&| -24 \\ 5u &> -32 &&| :5 \\ u &> -\frac{32}{5} \end{aligned}$$

Überlegungen: Da wir durch die positive Zahl 5 dividieren, bleibt das Ungleichheitszeichen erhalten.

$$L = \left\{ u \in \mathbb{Q} \mid u > -\frac{32}{5} \right\}$$

Lies: die Menge aller rationalen Zahlen größer als $-\frac{32}{5}$.

Oder anders gerechnet:

$$\begin{aligned} -2u + 24 &> -8 - 7u \quad &&| +2u \\ 24 &> -8 - 5u &&| +8 \\ 32 &> -5u &&| :(-5) \\ -\frac{32}{5} &< u \end{aligned}$$

Überlegungen: Wir dividieren durch (– 5), also wird aus „>“ das Zeichen „<“.

Von der Variablen aus gelesen ergibt dies ebenfalls: $u > -\frac{32}{5}$.

b)

$$\begin{aligned} -11a + 4 &\leqq 6 - 11a \quad &&| +11a \\ 4 &\leqq 6 \end{aligned}$$

$$L = \mathbb{Q}$$

Überlegung: Die Aussage ist immer richtig.
Lösungsmenge ist die Grundmenge, also $\mathbb{Q}$.

Übung 5

Bestimme die Lösungsmengen der folgenden Gleichungen und Ungleichungen. Mache bei den Gleichungen mit einem Lösungselement auch die Probe.

a) $9b = -27$ **b)** $12a - 17 = 3$ **c)** $16 - 5z = -7z$

d) $6t - 13 = 5t - 3$ **e)** $8s + 7 = 8s + 7$ **f)** $-3b < 5$

g) $-3x - 14 < 12x + 6$ **h)** $9x - 6 > 3 + 9x$ **i)** $4 - 5z > -1 - 5z$

2 Lineare Gleichungen und Ungleichungen ohne Bruchterme

Gleichungen und Ungleichungen ohne Bruchterme sollen durch bereits bekannte Rechengesetze und mit Äquivalenzumformungen in einfache Gleichungen bzw. Ungleichungen verwandelt und dann gelöst werden. Durch eine Probe kannst du dann deine Rechnung überprüfen.

Lösungsschritte:

1. Beide Seiten als möglichst einfache Summen schreiben.
2. Durch geeignete Äquivalenzumformungen störende Summanden wie x^2 und Ähnliches beseitigen.
3. Die entstehende einfache Gleichung bzw. Ungleichung wie im Abschnitt 1 lösen.

Beispielaufgaben

a)

$$\begin{aligned} 3x - 5 + 2x - 7 &= x + 37 + 8x - 17 \\ 5x - 12 &= 9x + 20 \quad |-5x \\ -12 &= 4x + 20 \quad |-20 \\ -32 &= 4x \quad |:4 \\ -8 &= x \\ L &= \{-8\} \end{aligned}$$

Überlegungen: Zuerst beide Seiten zusammenfassen, dann Äquivalenzumformungen.

Probe: $\text{lT} = 3 \cdot (-8) - 5 + 2 \cdot (-8) - 7 = -52$ $\quad \text{rT} = -8 + 37 + 8 \cdot (-8) - 17 = -52$

b) $(x-3)(x+3) = (x+4)^2 - 5(x-7)$

$$\begin{aligned} x^2 - 9 &= x^2 + 8x + 16 - 5x + 35 && \\ x^2 - 9 &= x^2 + 3x + 51 && |-x^2 \\ -9 &= 3x + 51 && |-51 \\ -60 &= 3x && |:3 \\ -20 &= x && \\ L &= \{-20\} && \end{aligned}$$

Überlegungen: Ich vereinfache zunächst beide Seiten so weit wie möglich und rechne mit Äquivalenzumformungen weiter.

Probe: $lT = -23 \cdot (-17) = 391$ $rT = (-16)^2 - 5 \cdot (-27) = 256 + 135 = 391$

Für Ungleichungen gilt dieselbe Schrittfolge.

Übung 1

Bestimme die Lösungsmengen der folgenden Gleichungen und Ungleichungen.

a) $3z + 6 - 7z = 9 - 8z + 13$
b) $6u - (-3u + 4) = 8(u + 4)$
c) $5(3x - 5) = 4(3x - 1)$
d) $5(2 - 3x) + 6 = 9x - 5(3x - 14)$
e) $2(t - 2) > 2t - 5$
f) $3u - 9 \geqq 9u - 3$
g) $48s - 13 - 23s > 25s - 13$
h) $8s^2 - 4s(s - 2) < (2s - 3)(2s + 1)$

Übung 2

Wie heißt die Lösungsmenge: $\mathbb{Q}$, { } oder {0}?

a) $2x = -7x$
b) $3(x + 5) = 8 + 3x$
c) $(x + 1)^2 - x^2 - 2x - 1 = 0$
d) $x + 5 > x + 6$

3 Textaufgaben

Beispielaufgabe

Hans ist 8 Jahre jünger als Peter. Zusammen sind sie 48 Jahre alt. Wie alt ist jeder? Als erstes legen wir die Bedeutung der Unbekannten x fest. Man könnte dafür das Alter von Hans oder Peter wählen. Wir entscheiden uns für Hans.
Hans ist x Jahre alt.
Peter ist 8 Jahre älter, also $(x + 8)$ Jahre alt.
In der Aussage „Zusammen sind sie 48 Jahre." steht eine Gleichung, nämlich:
(Alter von Hans) + (Alter von Peter) = 48 Jahre.

Wir erhalten also: $x + (x + 8) = 48$.
Da x eine Zahl (ohne Jahre) ist, haben wir auch auf der rechten Seite die Jahre weggelassen. Nun lösen wir die Gleichung.

$$\begin{aligned} x + (x + 8) &= 48 \\ 2x + 8 &= 48 \quad | -8 \\ 2x &= 40 \quad | :2 \\ x &= 20 \end{aligned}$$

Probe: $20 + 28 = 48$, stimmt.
Antwortsatz: Hans ist 20 Jahre alt, Peter ist 28 Jahre alt.

Beim Lösen von Textaufgaben kannst du dich an folgendes Schema halten:

1. Lege genau die Bedeutung der Variablen fest. Meist wird sie x genannt.
2. Übersetze den Text in eine Gleichung.
3. Löse die Gleichung.
4. Mache die Probe.
5. Formuliere den Antwortsatz.
   Er soll genau die gestellte Frage beantworten.

Übung 1

a) Ein Vater ist viermal so alt wie sein Sohn. Der Altersunterschied beträgt 33 Jahre. Wie alt ist der Sohn und wie alt ist der Vater?

b) Addiert man zu einer Zahl ihr Dreifaches und ihr Fünffaches, so erhält man 135. Wie heißt die Zahl?

c) Anton hat viermal so viel Nüsse wie Julia. Gäbe er Julia 12 Nüsse, so hätten beide gleich viele. Wie viele Nüsse gehören Anton , wie viele Julia?

d) Wenn in einem Quadrat die eine Seite um 4 cm verlängert und die andere Seite um 3 cm verkürzt wird, so entsteht ein Rechteck mit der gleichen Fläche wie das ursprüngliche Quadrat. Wie lang ist die Seite des Quadrats?

e) Vier aufeinander folgende Zahlen haben die Summe 250.
Welche vier Zahlen sind das?
(Tipp: Der Nachfolger einer natürlichen Zahl x ist $x + 1$.)

f) Am Schuljahresbeginn waren in einer Klasse dreimal so viele Mädchen wie Jungen. Nachdem im Laufe des Schuljahres ein Junge gegangen und ein Mädchen gekommen war, befanden sich am Schuljahresende viermal so viele Mädchen wie Jungen in der Klasse. Wie viele Jungen und Mädchen waren am Schuljahresbeginn in der Klasse?

Winkelgesetze

1 Winkel an Geraden

Hast du dein Werkzeug bereit? Ein Geo-Dreieck mit Winkelmesser, einen Zirkel und einen gespitzten Bleistift? Dann können wir mit der Geometrie beginnen. **Winkel** kennst du bereits. Du weißt, dass ein Vollwinkel – der Winkel, den man bei einer ganzen Umdrehung erhält – 360° misst.

A Verzweigungen und Kreuzungen

Verzweigungen und Kreuzungen können sehr verschieden sein. Und an jeder Wegverzweigung oder Wegkreuzung kann man sie sehen – die verschiedenen Winkel.

Wegverzweigung

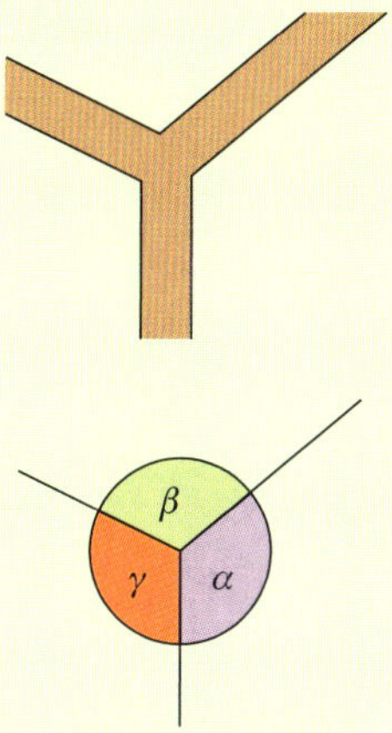

Geradenverzweigung
$\alpha + \beta + \gamma = 360°$

Wegverzweigung

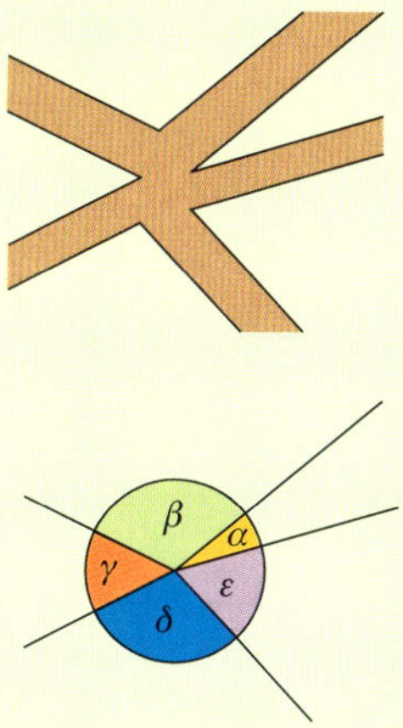

Geradenverzweigung
$\alpha + \beta + \gamma + \delta + \varepsilon = 360°$

Wegkreuzung

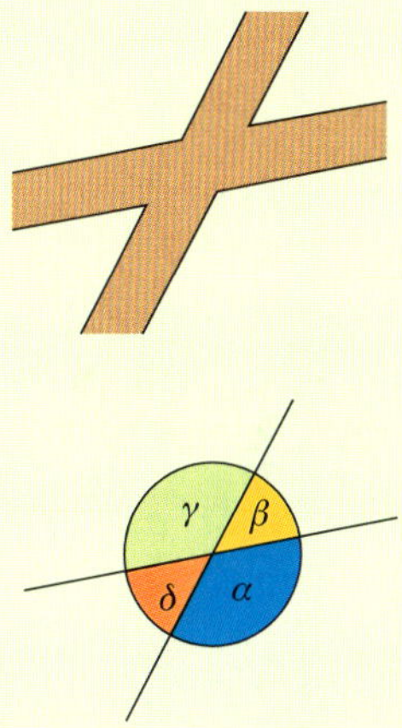

Geradenkreuzung
$\alpha + \beta + \gamma + \delta = 360°$

Und dennoch – so verschieden die einzelnen Winkel auch sein mögen, in allen Fällen gilt:
Bei Verzweigungen und Kreuzungen von Geraden ist die Summe aller Winkel stets 360°.

Einfachkreuzungen

Besonders übersichtlich sind Kreuzungen von zwei geraden Wegen. Noch einfacher ist es bei Geraden. Zwei kreuzende Geraden bilden vier Winkel.

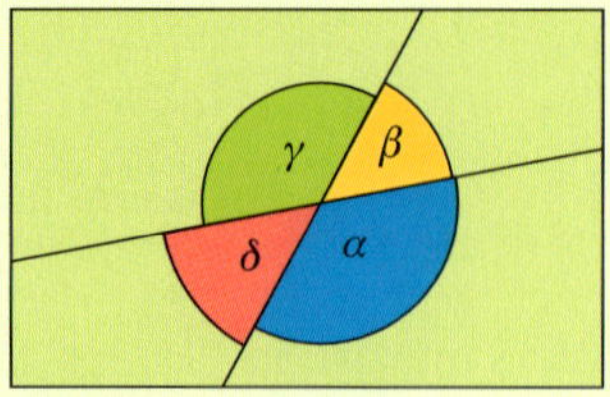

Bestimmte Winkel haben besondere Namen:

Scheitelwinkel: Das sind gegenüberliegende Winkel einer Geradenkreuzung; sie haben nur den Scheitel gemeinsam. In der Abbildung sind dies die Paare (α, γ) oder aber (β, δ).

Nebenwinkel: Das sind aneinander liegende Winkel einer Geradenkreuzung; sie haben je einen Schenkel gemeinsam.
In der Abbildung sind dies (α, β), (β, γ), (γ, δ) bzw. (δ, α).

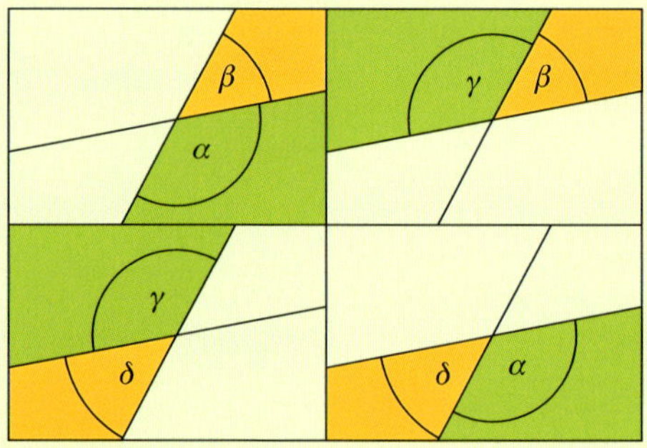

Für die Scheitel- und Nebenwinkel gelten einfache, dafür aber nicht minder wichtige Gesetze. Sie springen einem förmlich ins Auge.

Scheitelwinkel sind gleich groß.

Du erkennst es, ohne zu messen!
Denke dir einen Stab. Er wird um den Kreuzungspunkt gedreht. Überstreicht die eine Stabhälfte dabei den Winkel α, so überstreicht die andere Hälfte gleichzeitig den Winkel γ.
Also ist $\alpha = \gamma$
und entsprechend $\beta = \delta$.

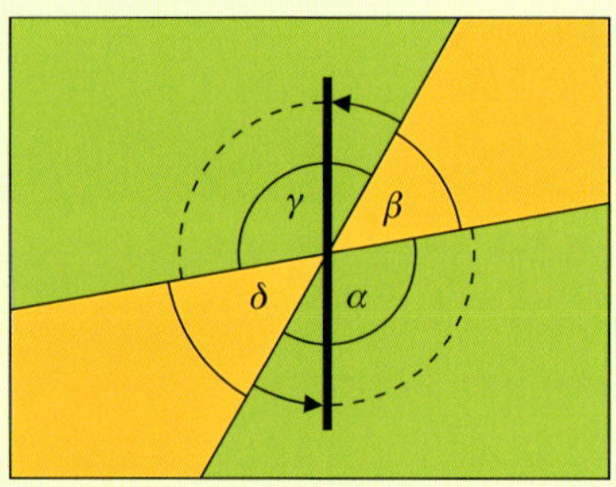

Nebenwinkel ergeben zusammen 180°.

Auch dies erkennst du, ohne zu messen! Zwei Nebenwinkel haben als Schenkel eine Gerade. Sie bilden also genau einen gestreckten Winkel, d.h.
$\alpha + \beta = 180°$;
$\beta + \gamma = 180°$;
$\gamma + \delta = 180°$;
$\delta + \alpha = 180°$.

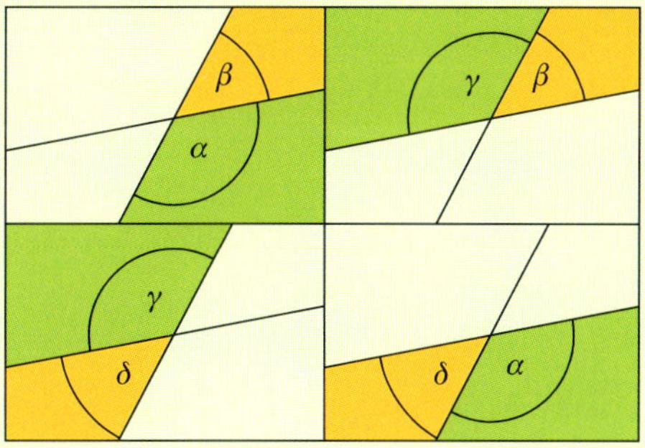

Doppelkreuzungen
Werden zwei Geraden von einer Geraden *s* geschnitten, so entsteht eine Doppelkreuzung. An einer Doppelkreuzung treten acht Winkel auf. Bestimmte Winkelpaare haben besondere Namen:

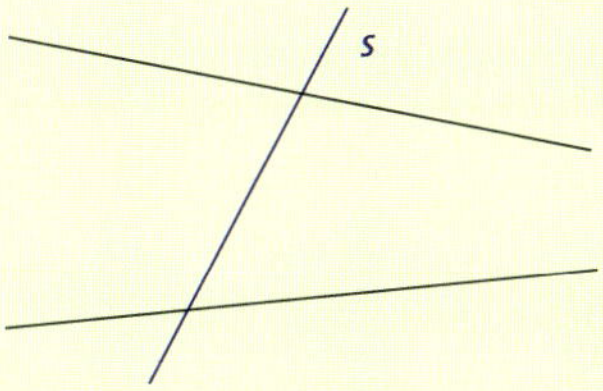

Stufenwinkel: Sie haben zur schneidenden Geraden *s* und zu den geschnittenen Geraden die gleiche Lage.
In der Abbildung sind folgende Paare Stufenwinkel:
$(\alpha_1, \alpha_2), (\beta_1, \beta_2), (\gamma_1, \gamma_2), (\delta_1, \delta_2)$.

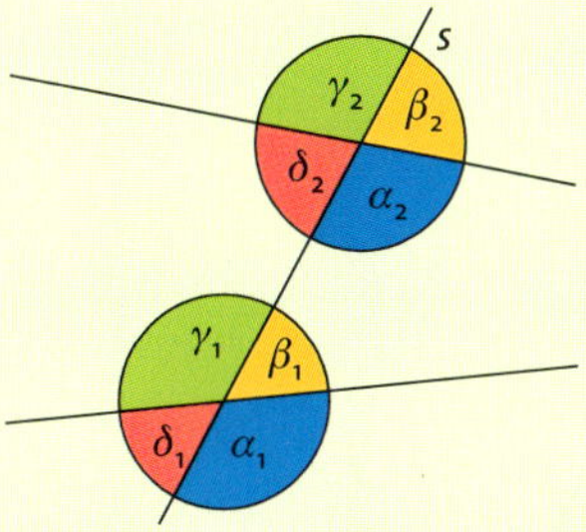

Wechselwinkel: Sie wechseln ihre Lage sowohl zur schneidenden Geraden *s* als auch zu den geschnittenen Geraden.
In der Abbildung sind folgende Paare Wechselwinkel:
$(\beta_1, \delta_2), (\gamma_1, \alpha_2), (\delta_1, \beta_2), (\alpha_1, \gamma_2)$.

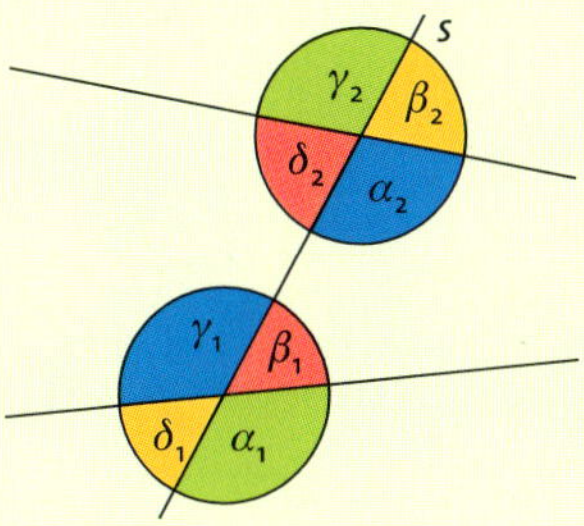

Nachbarwinkel: Sie haben zur schneidenden Geraden *s* die gleiche Lage, nicht aber zu den geschnittenen Geraden.
In der Abbildung sind folgende Paare Nachbarwinkel: $(\beta_1, \alpha_2), (\gamma_1, \delta_2), (\alpha_1, \beta_2)$, (δ_1, γ_2).

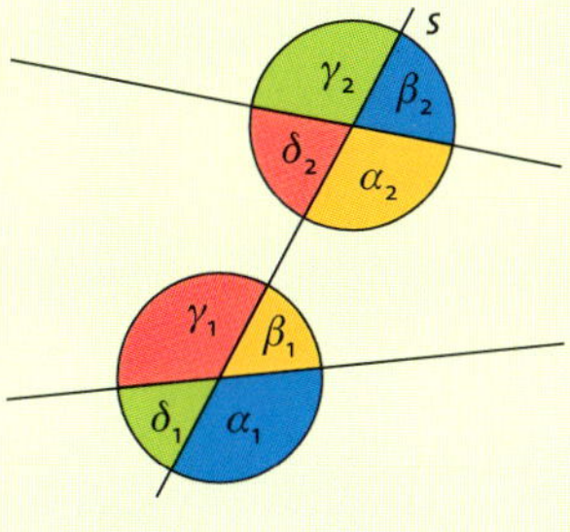

B Winkel an Parallelen

Kreuzt eine Gerade *s* irgendwelche andere Geraden, dann lassen sich keine allgemeinen Gesetze feststellen. Ganz anders ist es, wenn die Gerade *s* parallele Geraden kreuzt. Dann gilt:

Stufenwinkel an parallelen Geraden sind gleich groß.

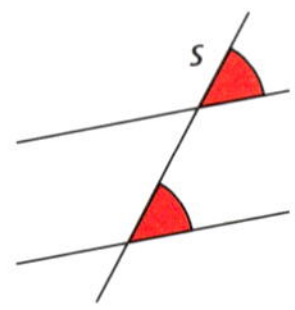

Wechselwinkel an parallelen Geraden sind gleich groß.

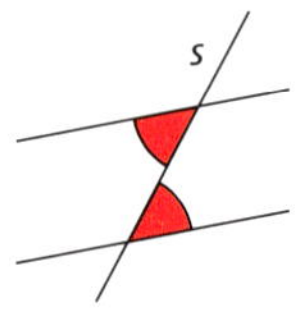

Nachbarwinkel an parallelen Geraden ergeben zusammen 180°.

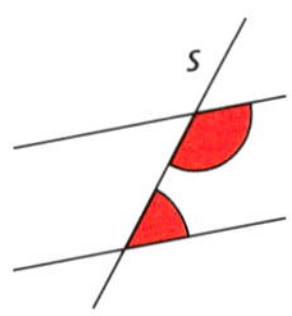

Auch diese Winkelsätze springen einem förmlich ins Auge; kaum jemand wird sie bezweifeln.
Jede Störung der Parallelität bewirkt:

- Die Stufenwinkel sind nicht mehr gleich;
- die Wechselwinkel sind nicht mehr gleich;
- die Nachbarwinkel ergeben nicht mehr 180°.

Beispielaufgabe

Die zwei Prallelen *a* und *b* werden von der Geraden *g* geschnitten. Nur ein einziger Winkel ist bekannt, es ist $\lambda = 130°$. Wie groß sind die anderen Winkel?

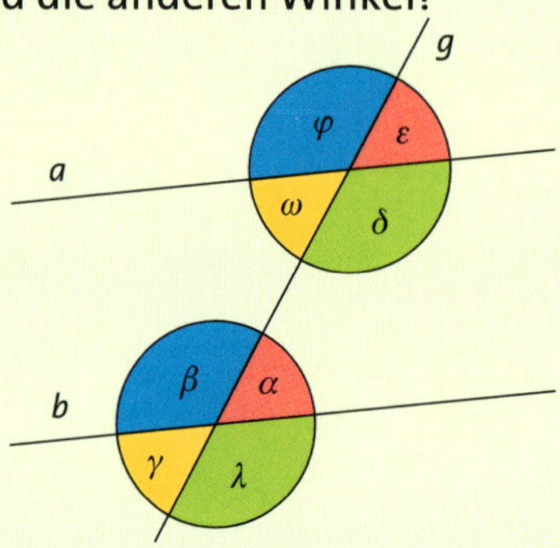

Und hier ist die Lösung:

Winkel	Größe	Begründung		
α	50°	α ist Nebenwinkel von λ.	Deshalb ist $\alpha + 130° = 180°$,	also $\alpha = 50°$.
β	130°	β ist Scheitelwinkel von λ.	Deshalb ist $\beta = \lambda$,	also $\beta = 130°$.
γ	50 °	γ ist Nebenwinkel von λ.	Deshalb ist $\gamma + 130° = 180°$,	also $\gamma = 50°$.
δ	130°	δ ist Stufenwinkel von λ.	Deshalb ist $\delta = \lambda$,	also $\delta = 130°$.
ε	50°	ε ist Stufenwinkel von α.	Deshalb ist $\varepsilon = \alpha$,	also $\varepsilon = 50°$.
φ	130°	φ ist Stufenwinkel von β.	Deshalb ist $\varphi = \beta$,	also $\varphi = 130°$.
ω	50°	ω ist Stufenwinkel von γ.	Deshalb ist $\omega = \gamma$,	also $\omega = 50°$.

Übung 1

a) Wie groß sind die Nebenwinkel von $\alpha = 35°$, von $\beta = 83°$?

b) α und β sind Nebenwinkel. Zeichne ein Beispiel – irgendeines.
Wie ändert sich α, wenn β zunimmt?
Wie ändert sich β, wenn α zunimmt?
Wie ändert sich β, wenn α abnimmt?

c) Es ist $a \perp c, b \perp d$.
Wie groß sind α, β, γ?

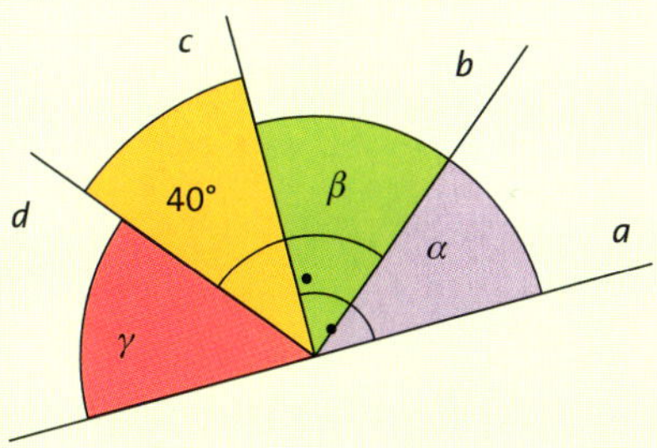

$\alpha =$ ______ $\beta =$ ______

$\gamma =$ ______

d) Es ist $a \perp c, b \perp d$.
Wie groß sind $\alpha, \beta, \gamma, \delta, \varepsilon, \omega$?

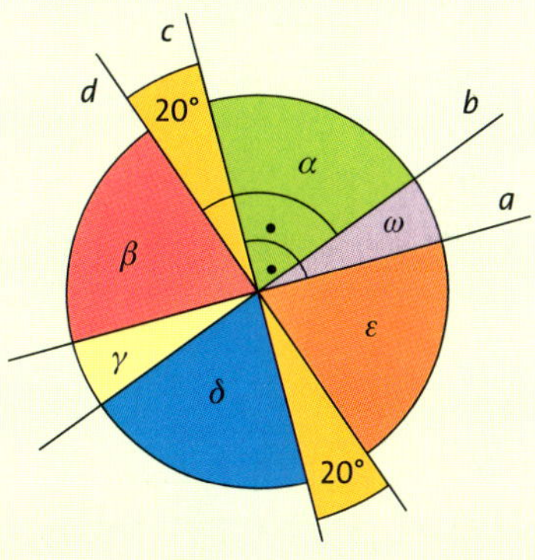

$\alpha =$ ______ $\beta =$ ______

$\gamma =$ ______ $\delta =$ ______

$\varepsilon =$ ______ $\omega =$ ______

Übung 2

Setze die richtige Bezeichnung ein:

α_1 ist Wechsel winkel zu β_2.

β_1 ist ___________winkel zu γ_1.

α_1 ist ___________winkel zu γ_2.

α_1 ist ___________winkel zu β_1.

γ_1 ist ___________winkel zu β_2.

δ_2 ist ___________winkel zu α_1.

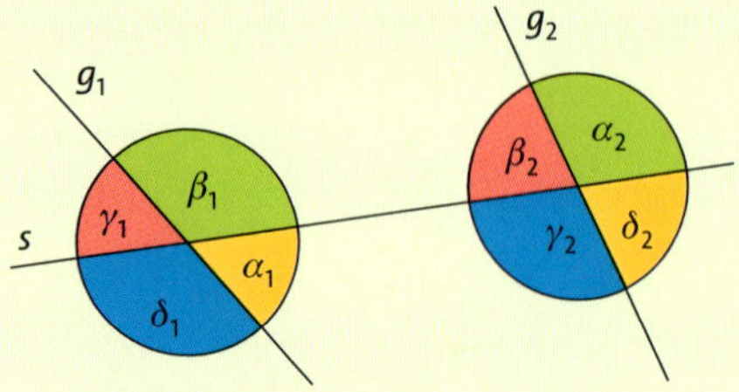

Übung 3

a) Nenne die Stufenwinkel zu α_1.

b) Nenne die Wechselwinkel zu β_2.

c) Nenne die Nachbarwinkel zu γ_2.

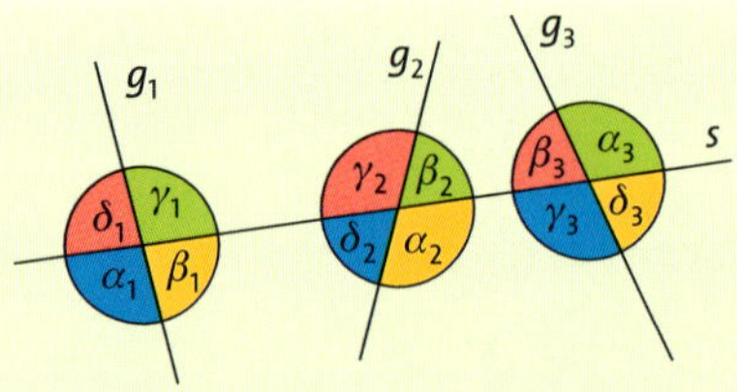

Übung 4

Ermittle die jeweils fehlenden Winkelgrößen.

a) g_1 und g_2 sind parallel.

α_1 = 37°	β_1 = ______
γ_1 = ______	δ_1 = ______
α_2 = ______	β_2 = ______
γ_2 = ______	δ_2 = ______

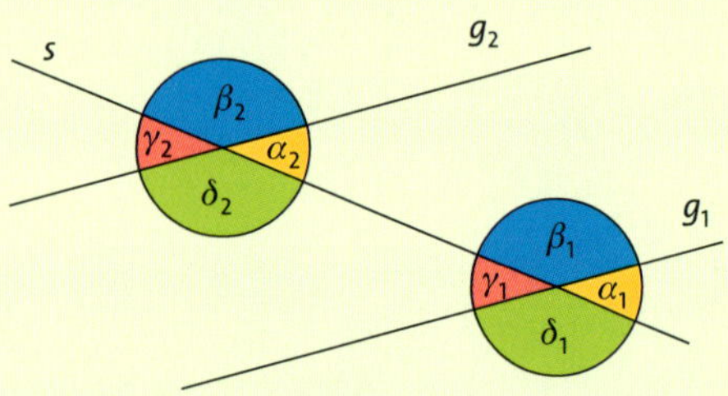

b) l_1 und l_2 sind parallel.

α_1 = 60°	β_1 = ______
γ_1 = ______	δ_1 = ______
α_2 = ______	β_2 = ______
γ_2 = ______	δ_2 = 75°
ε_2 = ______	ω_2 = ______

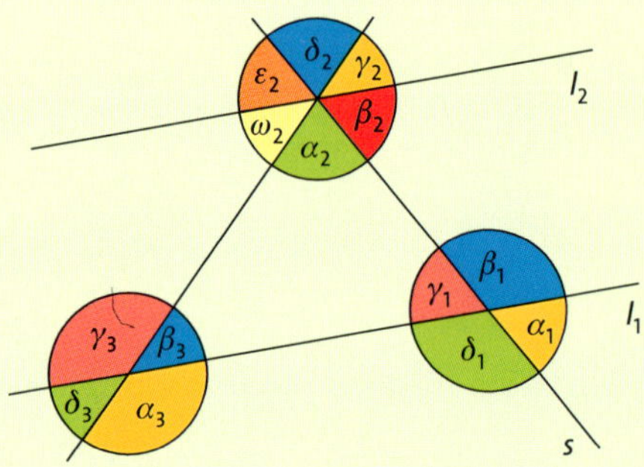

α_3 = ______ β_3 = ______

γ_3 = ______ δ_3 = ______

2 Winkel bei Vielecken

Vielecke – das können Dreiecke, Vierecke, Fünfecke, Sechsecke sein, aber auch Siebzehnecke, Neunundneunzigecke, Tausendecke, usw.

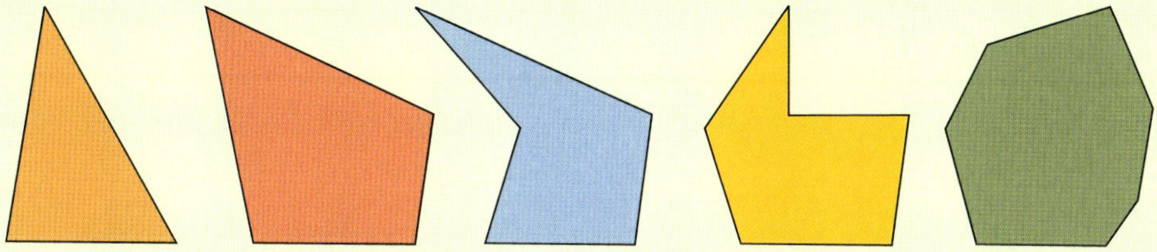

Dreieck Viereck Fünfeck Sechseck Siebeneck

Jedes Vieleck wird durch einen geschlossenen Streckenzug begrenzt.
Der Streckenzug endet stets dort, wo er begonnen hat.
Die Vielecke bilden eine Großfamilie. Es ist daher nützlich, die vielen verschiedenen Vieleckssorten zu unterscheiden. Dies geschieht nach unterschiedlichen Gesichtspunkten:

Man unterscheidet nach der **Anzahl** der **Seiten** und der **Ecken**.
Dreiecke: 3 Seiten, 3 Eckpunkte
Vierecke: 4 Seiten, 4 Eckpunkte
Fünfecke: 5 Seiten, 5 Eckpunkte
Zehnecke: 10 Seiten, 10 Eckpunkte
Und so weiter …

Man unterscheidet nach der Form in **konkav** und **konvex**.
Konvexe Vielecke haben nur Ausbuchtungen, keine Einbuchtungen. In der Abbildung oben sind das Dreieck, das Viereck und das Siebeneck konvex.
Konkave Vielecke haben auch Einbuchtungen. In der Abbildung oben sind das Fünfeck und das Sechseck konkav.

Konvexe Vielecke genießen üblicherweise mehr Beachtung als konkave.
Auch wir werden deshalb hauptsächlich von konvexen Vielecken sprechen.

Willst du über die Winkel Bescheid wissen, dann ist der beste Tipp:
Stell dir ein Vieleck her, z. B. ein Fünfeck. Du brauchst dazu Schere und Papier.

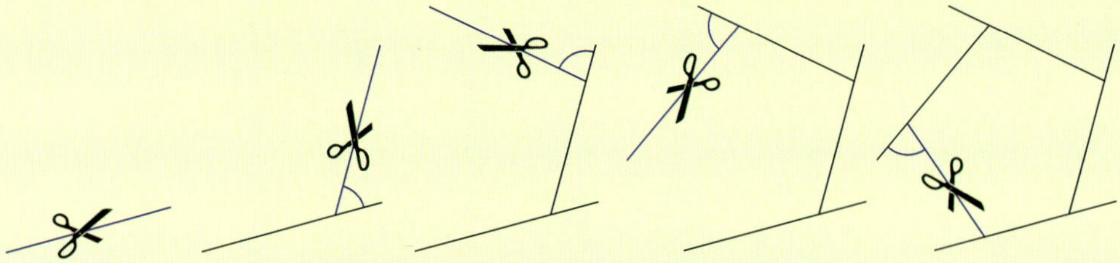

Beginne. Ein gerader Schnitt.

Drehe. Der zweite Schnitt.

Drehe. Der dritte Schnitt.

Drehe. Der vierte Schnitt.

Drehe. Der fünfte Schnitt.

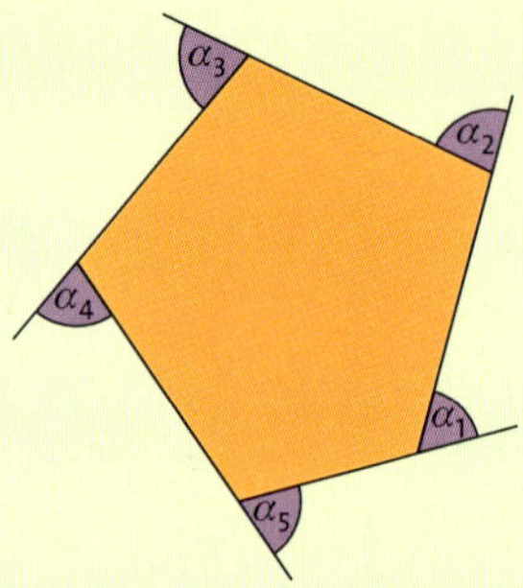

Das war es: 5 Schnitte, 4 Drehungen, nur 4!
Drehe rasch noch ein fünftes Mal; die Schere ist wieder in Startposition.
Die Schere wurde gedreht; insgesamt exakt um eine Volldrehung:
$\alpha_1 + \alpha_2 + \alpha_3 + \alpha_4 + \alpha_5 = 360°$.

Die Winkel, um welche die Schere beim Ausschneiden eines Vielecks gedreht wird, heißen **Außenwinkel**. Unsere Scherenarbeit hat uns ein wichtiges Ergebnis beschert. Wir halten es als Merkregel fest:

! Die Summe eines Satzes von Außenwinkeln am Fünfeck beträgt 360°.

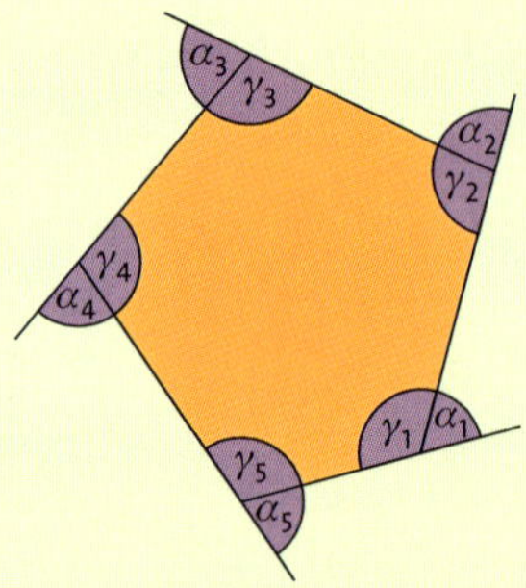

Winkel, die im Innern des Vielecks liegen und von zwei benachbarten Vielecksseiten gebildet werden, heißen **Innenwinkel**.
Auch für die Summe der Innenwinkel des Fünfecks lässt sich ein wichtiges Ergebnis festhalten.
Am Bild kannst du das Ergebnis ablesen:

- Ein Innenwinkel und ein zugehöriger Außenwinkel bilden zusammen 180°.
- Bei den 5 Ecken ist die Summe dieser Winkel $5 \cdot 180°$.
- Subtrahiert man davon die Summe der 5 Außenwinkel, so erhält man als Summe der Innenwinkel:
  $5 \cdot 180° - 360° = 5 \cdot 180° - 2 \cdot 180° = (5 - 2) \cdot 180° = 3 \cdot 180° = 540°$.
  Die Summe der Innenwinkel eines Fünfecks beträgt $3 \cdot 180° = 540°$

Was für ein Fünfeck gemacht wurde, lässt sich auf jedes andere Vieleck übertragen. Das sind die Ergebnisse:

Hans Karl Abele, Reiner Böttcher, Günter Lorenz, Wilhelm Mann, Benno Mohry, Udo Quak, Manfred Rehm, Siegfried Schneider, Edmund Wallis

Besser in Mathe

7. Klasse • Lösungsheft

Cornelsen
Power Learning

KAPITEL 1

1. Bezeichnungen

Übung 1

a) $\frac{13}{100} = 13\%$
b) $\frac{68}{100} = 68\%$
c) $\frac{35}{100} = 35\%$
d) $\frac{80,4}{100} = 80,4\%$
e) $\frac{26,5}{100} = 26,5\%$
f) $\frac{10,7}{100} = 10,7\%$
g) $\frac{105}{100} = 105\%$
h) $\frac{125}{100} = 125\%$
i) $\frac{118}{100} = 118\%$

Übung 2

b) $\frac{3}{10} = \frac{30}{100} = 30\%$
c) $\frac{1}{50} = \frac{2}{100} = 2\%$
d) $\frac{5}{4} = \frac{125}{100} = 125\%$
e) $\frac{1}{25} = \frac{4}{100} = 4\%$
f) $\frac{2}{5} = \frac{40}{100} = 40\%$
g) $\frac{1}{2} = \frac{50}{100} = 50\%$
h) $\frac{3}{4} = \frac{75}{100} = 75\%$
i) $\frac{11}{10} = \frac{110}{100} = 110\%$

2. Berechnung des Prozentwertes

Übung 1

a) 3% von 7000 € = 210 €
b) 12% von 800 m = 96 m
c) 54% von 3400 kg = 1836 kg
d) 30% von 160 l = 48 l
e) 16,4% von 520 kg = 85,28 kg
f) 35,8% von 120 € = 42,96 €

Übung 2

a) 105% von 800 € = 840 €
b) 110% von 1300 m = 1430 m
c) 150% von 30 kg = 45 kg
d) 120% von 4100 l = 4920 l
e) 136% von 82 kg = 111,52 kg
f) 200% von 700 € = 1400 €

Übung 3

a) 10% von 600 € = 60 €
b) 25% von 4000 € = 1000 €
c) 5% von 80 € = 4 €
d) 20% von 1800 € = 360 €
e) 50% von 140 € = 70 €
f) 75% von 280 € = 210 €

3. Berechnung des Prozentsatzes

Übung 1

a) 12,2% b) 4,6% c) 13,2% d) 17,8%
e) 61,8% f) 5% g) 8,7% h) 11,2%

Übung 2

a) 133,3% b) 114,1% c) 105,8% d) 112,3%
e) 135,4% f) 124,4% g) 149,5% h) 166,7%

4. Berechnung des Grundwertes

Übung 1

a) 2311,11 € b) 700 Personen c) 682,35 kg
d) 467 Städte e) 279 Häuser f) 31,79 €

Übung 2

a) 5% · 20 = 100%, dann sind 20 € · 20 = 400 €
b) 10% · 10 = 100%, dann sind 120 € · 10 = 1200 €
c) 4% · 25 = 100%, dann sind 80 € · 25 = 2000 €
d) 25% · 4 = 100%, dann sind 150 € · 4 = 600 €
e) 50% · 2 = 100%, dann sind 37 € · 2 = 74 €
f) 20% · 5 = 100%, dann sind 130 € · 5 = 650 €

5. Zinsrechnung

Übung 1

Kapital	Zinssatz	Jahreszinsen
580 €	4%	23,20 €
1820 €	2,5%	45,50 €
5000 €	1,5%	75 €
12 000 €	2%	240 €
40 000 €	3%	1200 €

Übung 2

a)

Kapital	Zinssatz	Zinsen für 1 Jahr	Zinsen für 1 Tag
48 000 €	7,5%	3600 €	10 €
72 000 €	9,0%	6480 €	18 €

b)

Kapital	Zinsen f. 50 Tage	Zinsen f. 200 Tage	Zinsen f. 186 Tage
48 000 €	500 €	2000 €	1860 €
72 000 €	900 €	3600 €	3348 €

Kapital	Zinsen f. 11 Tage	Zinsen f. 305 Tage
48 000 €	110 €	3050 €
72 000 €	198 €	5490 €

Übung 3

Kapital	Zinssatz	Anzahl der Tage	Zinsen
7200 €	7%	100	140 €
10 000 €	4,5%	90	112,50 €
35 400 €	4%	180	708 €
18 000 €	3%	40	60 €

Übung 4

a) Zinsen: 480 € b) Zinsen: 1200 €
c) Zinsen: 85,52 € d) Zinsen: 1445 €

Übung 5

400 € zu 3% für 12 Monate – Zinsen: 12,00 €
300 € zu 3% für 9 Monate – Zinsen: 6,75 €
500 € zu 3% für 5 Monate – Zinsen: 6,25 €
zusammen: 25,00 €

6. Mit Promille rechnen

Übung 1

Stadt	Einwohnerzahl	Ärzteanteil	Anzahl der Ärzte
Paris	9,300 000	6,0‰	55 800
Rom	2 800 000	4,4‰	12 320
Hamburg	1700 000	3,4‰	5780
Brüssel	990 000	3,8‰	3762
Kopenhagen	620 000	3,2‰	1984

Übung 2

Frankreich: 3,0‰; Dänemark: 7,6‰; EU: 3,6‰

7. Vermischte Aufgaben

Übung 1

Nach 1 Jahr: 103% von 1000 € sind 1030 €.
Nach 2 Jahren: 104% von 1030 € sind 1071,20 €.
Das Guthaben beträgt 1071,20 €.

Übung 2

a) 70% von 70 kg sind 49 kg.
b) $G = 49$ kg; $P = 20$ g $= 0{,}02$ kg

$$p‰ = \frac{0{,}02\text{ kg}}{49\text{ kg}} \cdot 1000‰ \approx 0{,}4‰$$

Der Blutalkoholwert ist 0,4‰.

Übung 3

a) $p\% = 35\%$; $P = 700$ €; $G = \frac{700\text{ €} \cdot 100\%}{35\%} = 2000$ €

Das Monatsgehalt beträgt 2000 €.
b) Im Januar bekommt sie insgesamt 2700 € ausgezahlt.

Übung 4

30% Land und 70% Meer.

KAPITEL 2

1. Positive und negative Zahlen

Übung 1

Von links nach rechts heißen die Zahlen
–4; –3,5; –2,5; –1,5; –0,4; 0,5; 1,4; 2; 2,6; 3,5.

Übung 2

a) –4 b) –6 c) –2,5 d) –4

Übung 3

a) oben: 2,5; unten: 4 b) oben: –2; unten: –3,5

Übung 4

Zahl	7	9	−4	−11	−13	−4,5	−3,7	$\frac{3}{4}$
Gegenzahl	−7	−9	4	11	13	4,5	3,7	$-\frac{3}{4}$

Übung 5

Zahl	−13	7,2	$-\frac{1}{2}$	$\frac{7}{5}$	0
Betrag der Zahl	13	7,2	$\frac{1}{2}$	$\frac{7}{5}$	0

Übung 6

a) 11 b) 2,6 c) 24 d) 13,1

Übung 7

Ganze Zahlen sind: 5; −3; −17; −9; 0; 24; −573.

2. Rationale Zahlen vergleichen und ordnen

Übung 1

a) < b) > c) < d) > e) < f) <

Übung 2

$3{,}9 > 3{,}85; -3{,}9 < -3{,}85$

Übung 3

a) $-6{,}2 < -6{,}15$, denn $6{,}2 > 6{,}15$

b) $-0{,}07 > -0{,}1$, denn $0{,}07 < 0{,}1$

c) $-\frac{2}{5} < -\frac{1}{3}$, denn $\frac{2}{5} > \frac{1}{3}$

d) $-\frac{11}{6} < -\frac{16}{9}$, denn $\frac{11}{6} > \frac{16}{9}$

Übung 4

a) $7{,}8 > -8{,}4$, denn $7{,}8 > 0; -8{,}4 < 0$

b) $-\frac{6}{7} < \frac{5}{6}$, denn $-\frac{6}{7} < 0; \frac{5}{6} > 0$

c) $-6{,}15 > -6{,}8$ denn $6{,}15 < 6{,}8$

d) $24{,}3 > 24{,}127$, denn $3 > 1$

e) $\frac{5}{3} > \frac{13}{8}$, denn $\frac{5}{3} = \frac{40}{24}, \frac{13}{8} = \frac{39}{24}, \frac{40}{24} > \frac{39}{24}$

Übung 5

a) −2,24 b) −0,05 c) −2,42

Übung 6

$-6{,}3° < -4{,}2° < -3{,}6° < -1{,}5° < 1{,}3° < 3{,}4° < 4{,}3°$

Übung 7

a) $-71 < -21 < -20 < -17 < -10 < 0 < 13 < 17$

b) $-30 < -14 < -3{,}5 < 2 < 5{,}15 < 5{,}2$

c) $4{,}2 > 3{,}35 > -3{,}15 > -3{,}35 > -4{,}2 > -4{,}25$

3. Rationale Zahlen addieren

Übung 1

a) 26 + 13 = 39; −; −39

b) 17 + 36 = 53; −; −53

Übung 2

a) −37 b) −111 c) −7,8

Übung 3

a) $-\left(\frac{3}{7} + \frac{11}{7}\right) = -\frac{14}{7} = -2$

b) $-\left(\frac{2}{3} + \frac{3}{5}\right) = -\left(\frac{10}{15} + \frac{9}{15}\right) = -\frac{19}{15}$

Übung 4

a) 25; 25 − 16 = 9; −; −9

b) 34; 34 − 15 = 19; +; 19

Übung 5

a) −9 b) 5 c) 0

Übung 6

a) $\frac{7}{8}$; $\frac{3}{4} = \frac{6}{8}$; $\frac{7}{8}$; $\frac{1}{8}$; positiv; $\frac{1}{8}$

b) $\frac{4}{3} = \frac{32}{24}$; $\frac{5}{8} = \frac{15}{24}$; $\frac{4}{3}$; $\frac{17}{24}$; negativ; $-\frac{17}{24}$

4. Rationale Zahlen subtrahieren

Übung 1

a) $-385 + 16 = -(385 - 16) = -369$

b) $17{,}2 + (-32{,}8) = -(32{,}8 - 17{,}2) = -15{,}6$

c) $-\frac{3}{4} + \left(-\frac{5}{8}\right) = -\left(\frac{6}{8} + \frac{5}{8}\right) = -\frac{11}{8}$

d) $\frac{5}{6} + \frac{13}{15} = \frac{25}{30} + \frac{26}{30} = \frac{51}{30} = \frac{17}{10}$

Übung 2

a) −111 b) −18 c) 36

d) 31 e) −40,1 f) $7\frac{3}{4}$

Übung 3

a) 28 b) −80 c) −210

d) −44 e) −22 f) −226

Übung 4

a) 6 b) 14,7 c) −7

d) −6,8 e) −5,32 f) $\frac{3}{2}$

Übung 5

a) 385 b) −118 c) −397

d) −102 e) 427 f) −53

5. Rationale Zahlen multiplizieren

Übung 1

a) 25 · 4 = 100; −; −100
b) 3 · 90 = 270; −; −270

Übung 2

a) −300 b) −210 c) −0,21 d) −0,026

Übung 3

a) $-\frac{3}{2}$ b) $-\frac{3}{5}$ c) $-\frac{8}{3}$ d) −1

Übung 4

a) 90 b) 0,72 c) 0,77 d) 14

Übung 5

a) 2 b) 1 c) $\frac{3}{2}$ d) 9

Übung 6

a) −35 b) −48 c) 63 d) 96 e) 0
f) −5,6 g) 8,4 h) 14 i) −0,22 j) 1

Übung 7

a) $-\frac{1}{4}$ b) $\frac{1}{6}$ c) $\frac{16}{9}$ d) $-\frac{2}{3}$

Übung 8

a) −12 b) 0 c) −12 d) 18

Übung 9

a) − b) + c) −

Übung 10

a) −1000 b) 10 000 c) −64
d) 256 e) $\frac{25}{4}$ f) $-\frac{125}{8}$

6. Rationale Zahlen dividieren

Übung 1

a) 6; −; −6 b) 70; +; 70
c) 7; −; −7 d) 31; −; −31

Übung 2

a) −5 b) 3 c) 90 d) −5
e) $\frac{6}{5}$ f) $-\frac{3}{5}$ g) −10 h) −9

Übung 3

a) −7 b) −8 c) −12 d) 9 e) −5

Übung 4

a) −0,7 b) 7 c) −1 d) −9 e) 40

Übung 5

a) $-\frac{3}{2}$ b) −9 c) $\frac{1}{10}$
d) $-\frac{1}{6}$ e) $\frac{20}{3}$ f) $-\frac{1}{4}$

Übung 6

a) 4; −4; $\frac{1}{4}$; $-\frac{1}{4}$
b) 0; 0; nicht möglich; nicht möglich

Übung 7

a) 0 b) $-\frac{6}{5}$ c) $-\frac{5}{6}$
d) nicht möglich e) $\frac{5}{6}$ f) $\frac{6}{5}$

Übung 8

	x	y	$x+y$	$x-y$	$y-x$
a)	−65	13	−52	−78	78
b)	−90	−10	−100	−80	80
c)	4,2	−6	−1,8	10,2	−10,2
d)	−0,8	2,4	1,6	−3,2	3,2
e)	35	−0,5	34,5	35,5	−35,5
f)	−2,7	−0,3	−3	−2,4	2,4
g)	−0,4	0,5	0,1	−0,9	0,9
h)	$\frac{1}{4}$	$-\frac{3}{8}$	$-\frac{1}{8}$	$\frac{5}{8}$	$-\frac{5}{8}$

	$x \cdot y$	$x:y$	$y:x$
a)	−845	−5	$-\frac{1}{5}$ (= −0,2)
b)	900	9	$\frac{1}{9}$
c)	−25,2	−0,7	$-\frac{10}{7}$ (= $-1\frac{3}{7}$)
d)	−1,92	$-\frac{1}{3}$	−3
e)	−17,5	−70	$-\frac{1}{70}$
f)	0,81	9	$\frac{1}{9}$
g)	−0,2	−0,8	−1,25 (= $-\frac{5}{4}$)
h)	$-\frac{3}{32}$	$-\frac{2}{3}$	$-\frac{3}{2}$

Übung 9

a) $47 - 56 = -9$
b) $-27 + (-20) = -47$
c) $-44 + (-8) = -52$
d) $94 - (-8) \cdot (-12) = -2$
e) $(-13) \cdot 11 = -143$
f) $-29 + (-66) : 11 = -35$

Übung 10

a) $(-0{,}8) \cdot (-4) = 3{,}2$
b) $-2{,}8 - (-0{,}8) = -2$
c) $15{,}2 - (2{,}2 + 18) = -5$
d) $-13 + 7{,}2 - 1{,}9 = -7{,}7$
e) $(-0{,}8) : (-0{,}4) = 2$
f) $-30{,}2 - 0{,}5 + 28{,}2 = -2{,}5$

Übung 11

a) $-\frac{3}{20} + \left(-\frac{7}{20}\right) = -\frac{1}{2}$
b) $-\frac{1}{3} + \frac{2}{3} - \frac{5}{3} = -\frac{4}{3}$
c) $-\frac{1}{10} + \left(-\frac{3}{10}\right) = -\frac{2}{5}$
d) $6 + 5 = 11$
e) $\left(-\frac{9}{8}\right) : \frac{3}{10} = -\frac{15}{4}$
f) $0{,}8 + \left(-\frac{3}{10}\right) = \frac{1}{2}$ bzw. 0,5

Übung 12

a) -70
b) $-4{,}2$
c) $\frac{1}{4}$
d) $\frac{10}{7}\left(=1\frac{3}{7}\right)$
e) $\frac{7}{9}$
f) $-\frac{3}{4} = -0{,}75$

Übung 13

a) -40 b) 5 c) -21 d) -7 e) -45
f) 82 g) 42 h) 11 i) 72 j) 0

KAPITEL 3

1. Terme und Variable

Übung 1

$4 \cdot 5\,(3 \cdot 2 - 6) = 20 \cdot 0 = 0$

Übung 2

a) Term: $4x + 2y$
b) Term: $a + b + c + d$
c) Term: $x + 5e + 2z$

Übung 3

a) Term: $x\,(x+1)$ oder $x\,(x-1)$
b) Term: $(x+3)\,(-8)$
c) Term: $x\,(x+3) : 3$ oder $x\,(x-3) : 3$

Übung 4

x	−1	0	1	2	3
Wert des Terms	1	0	3	10	21

2. Vereinfachen von Termen

Übung 1

$4st^3 \cdot 7u^2s^4t = (4 \cdot 7) \cdot (s \cdot s^4) \cdot (t^3 \cdot t) \cdot u^2 = 28s^5t^4u^2$

Übung 2

$42c^5d^2 : 7c^2d = 42c^5d^2 : 7 : c^2 : d$
$= (42 : 7) \cdot (c^5 : c^2) \cdot (d^2 : d) = 6c^3d$

Übung 3

a) $8a \cdot 4b = 32ab$
b) $-2u^2 \cdot 5u \cdot (-6u^3) = [(-2) \cdot 5 \cdot (-6)] \cdot (u^2 \cdot u \cdot u^3)$
$= 60u^6$
c) $28vw^2 \cdot 5v^3w^2 = (28 \cdot 5) \cdot (v \cdot v^3) \cdot (w^2 \cdot w^2)$
$= 140v^4w^4$
d) $(-5xyz) \cdot (8xy^2) = -40x^2y^3z$
e) $32a^7b^4 : (8a^2b^2) = (32 : 8) \cdot (a^7 : a^2) \cdot (b^4 : b^2)$
$= 4a^5b^2$
f) $26s^2t : (-13st) = -2s$

Übung 4

$8t - 5t = (8-5)t = 3t$

Übung 5

$4z - 4 =$ geht nicht, da $4z$ eine Variable besitzt, -4 jedoch nicht.

Übung 6

$8s^2t - 14ts^2 + 7s^2t = 8s^2t - 14s^2t + 7s^2t = s^2t$

Übung 7

$3x - 5y + 2y + 8x = 11x - 3y$

Übung 8

a) $5p + 9p = 14p$
b) $3x^2 - 7x^2 + 9x^2 = 5x^2$
c) $4u^2 - 3u + 9u - 2u^2 = 2u^2 + 6u$
d) $-a + 12 + 7a - 13 = 6a - 1$
e) $-4st + 11s^2t + 5ts + 7s^2t = 18s^2t + st$
f) $13xy + 8x^2y - 5yx^2 + 7xy^2 = 13xy + 3x^2y + 7xy^2$

Übung 9

$9 \cdot (8t - 4s) = 9 \cdot 8t - 9 \cdot 4s = 72t - 36s$

Übung 10

$6p\,(5p + 3) = 6p \cdot 5p + 6p \cdot 3 = 30p^2 + 18p$

Übung 11

$(-7x + 35xy - 14x^2) : (7x)$
$= -7x : 7x + 35xy : 7x - 14x^2 : 7x = -1 + 5y - 2x$

Übung 12

a) $x\,(x+2) = x^2 + 2x$

b) $4\,(5r + 2s - 7t) = 20r + 8s - 28t$

c) $5u^2w\,(9w - 4uw + 12uw^2)$
$= 45u^2w^2 - 20u^3w^2 + 60u^3w^3$

d) $(9s - 8t) \cdot 2s = 18s^2 - 16st$

e) $(52p - 39) : 13 = 4p - 3$

f) $(21x^3y^4z + 49x^2yz^2 - 56x^4y^2z^3) : (7x^2z)$
$= 3 \cdot (x^3 : x^2)\,y^4 \cdot (z : z) + 7 \cdot (x^2 : x^2)\,y \cdot (z^2 : z) -$
$8 \cdot (x^4 : x^2)\,y^2 \cdot (z^3 : z) = 3xy^4 + 7yz - 8x^2y^2z^2$

Übung 13

$(4s - 2t)\,(5s + 1) = 4s \cdot 5s + 4s \cdot 1 - 2t \cdot 5s - 2t \cdot 1$
$= 20s^2 + 4s - 10st - 2t$

Übung 14

$(2x + 3y)\,(-4x + y + 2)$
$= -2x \cdot 4x + 2x \cdot y + 2x \cdot 2 - 3y \cdot 4x + 3y \cdot y + 3y \cdot 2$
$= -8x^2 + 2xy + 4x - 12xy + 3y^2 + 6y$
$= -8x^2 - 10xy + 4x + 3y^2 + 6y$

Übung 15

a) $(3a + 5b)\,(2a + b) = 6a^2 + 3ab + 10ab + 5b^2$
$= 6a^2 + 13ab + 5b^2$

b) $(7q - 5)\,(10 - 3q) = 70q - 21q^2 - 50 + 15q$
$= 85q - 21q^2 - 50$

c) $(3 + 4x)\,(2 - 5x) = 6 - 15x + 8x - 20x^2$
$= 6 - 7x - 20x^2$

d) $(6s^2 - 7s - 5t)\,(2s - 3t)$
$= 12s^3 - 18s^2t - 14s^2 + 21st - 10st + 15t^2$
$= 12s^3 - 18s^2t - 14s^2 + 11st + 15t^2$

e) $(2x - 3y + z)\,(4x - 3y - z)$
$= 8x^2 - 6xy - 2xz - 12xy + 9y^2 + 3yz + 4xz -$
$3yz - z^2 = 8x^2 - 18xy + 2xz + 9y^2 - z^2$

f) $(x^4 + x^3 + x^2 + x + 1)\,(x - 1)$
$= x^5 + x^4 + x^3 + x^2 + x - x^4 - x^3 - x^2 - x - 1 = x^5 - 1$

Übung 16

a) $(a \pm b)^2 = a^2 \pm 2 \cdot a \cdot b + b^2$
$(3s - 5)^2 = (3s)^2 - 2 \cdot 3s \cdot 5 + 5^2 = 9s^2 - 30s + 25$

b) $(a \pm b)^2 = a^2 \pm 2 \cdot a \cdot b + b^2$
$(4x + 11)^2 = 16x^2 + 2 \cdot 4x \cdot 11 + 11^2$
$= 16x^2 + 88x + 121$

c) $(a + b)\,(a - b) = a^2 - b^2$
$(8v + 15w)\,(8v - 15w) = (8v)^2 - (15w)^2$
$= 64v^2 - 225w^2$

Übung 17

a) $(x - 2)^2 = x^2 - 2 \cdot x \cdot 2 + 2^2 = x^2 - 4x + 4$

b) $(3p + 7)^2 = (3p)^2 + 2 \cdot 3p \cdot 7 + 7^2 = 9p^2 + 42p + 49$

c) $(8x + y)^2 = 64x^2 + 16xy + y^2$

d) $(9u - 1)^2 = 81u^2 - 18u + 1$

e) $(4s - 5t)\,(4s + 5t) = (4s)^2 - (5t)^2 = 16s^2 - 25t^2$

f) $(3a + b)\,(3a - b) = 9a^2 - b^2$

g) $(r^2 - 4)\,(r^2 + 4) = r^4 - 16$

h) $(7cd - 12)\,(7cd + 12) = 49c^2d^2 - 144$

i) $(7u - 2w^3)^2 = 49u^2 - 28uw^3 + 4w^6$

3. Verwandeln einer Summe in ein Produkt

Übung 1

a) $28a + 56b = 28\,(a + 2b)$

b) $32c - 24d = 8\,(4c - 3d)$

Übung 2

$17s^2t - 5t = t\,(17s^2 - 5)$

Übung 3

a) $30z + 45 = 15\,(2z + 3)$

b) $p^3 - 3p = p\,(p^2 - 3)$

c) $36s^2 - 42s = 6s\,(6s - 7)$

d) $v^4 - v^3 + v^2 = v^2\,(v^2 - v + 1)$

e) $39x^3y - 52x^2y^2 + 26x^2yz = 13x^2y\,(3x - 4y + 2z)$

Übung 4

a) Formel: $a^2 - b^2 = (a - b)\,(a + b)$
Überlegungen:
Aus $a^2 = 4s^2$ folgt $a = 2s$.
Aus $b^2 = 25t^2$ folgt $b = 5t$.
Term: $4s^2 - 25t^2 = (2s - 5t)\,(2s + 5t)$

b) Formel: $a^2 \pm 2ab + b^2 = (a \pm b)^2$
Überlegungen:
Aus $a^2 = 16r^2$ folgt $a = 4r$.
Aus $b^2 = x^2$ folgt $b = x$.
3. Summand: $2 \cdot 4r \cdot x = 8rx \neq 9rx$ stimmt nicht.
Term: $16r^2 - 9rx + x^2 \neq (4r - x)^2$

c) Formel: $a^2 \pm 2ab + b^2 = (a \pm b)^2$
Überlegungen:
Aus $a^2 = 121u^2$ folgt $a = 11u$.
Aus $b^2 = 4$ folgt $b = 2$.
3. Summand: $2 \cdot 11u \cdot 2 = 44u$ stimmt.
Term: $121u^2 + 44u + 4 = (11u + 2)^2$

Übung 5

a) $u^2 - 49 = (u - 7)\,(u + 7)$

b) $x^2 + 4y^2 =$ geht nicht, da keine Differenz vorliegt.

c) $4a^2 - 25b^2 = (2a - 5b)\,(2a + 5b)$

d) $r^2 + 16r + 64 = (r + 8)^2$

e) $49x^2 + 112xy + 64y^2 = (7x + 8y)^2$

f) $121z^2 - 22z + 1 = (11z - 1)^2$

Übung 6

$x^2 + 12x + 11 = (x + 11)(x + 1)$

$c \cdot d = 11 \Rightarrow c = 1$ und $d = 11$ oder $c = -1$ und $d = -11$

Übung 7

$a^2 - a - 12 = (a - 4)(a + 3)$

$c \cdot d = -12 \Rightarrow$ mögliche Zahlenpaare$(c; d)$ sind:
(1; −12); (−1; 12); (2; −6); (−2; 6); (3; −4); (−3; 4).
Richtige Summe: 3 + (−4) = −1.

Übung 8

a) $z^2 + 7z + 10 = (z + 5)(z + 2)$
b) $a^2 - 8a + 15 = (a - 5)(a - 3)$
c) $x^2 - 9x - 10 = (x - 10)(x + 1)$
d) $y^2 + 11y - 42 = (y - 3)(y + 14)$
e) $p^2 - 3p - 10 = (p - 5)(p + 2)$
f) $x^4 + x^2 - 42 = (x^2 - 6)(x^2 + 7)$

KAPITEL 4

1. Einfache Gleichungen und Ungleichungen

Übung 1

a) $x - 11 = 13 \mid +11$
$x = 24$
$L = \{24\}$

b) $x + \frac{1}{3} = \frac{1}{2} \mid -\frac{1}{3}$
$x = \frac{1}{2} - \frac{1}{3} = \frac{1}{6}$
$L = \{\frac{1}{6}\}$

c) $x + 1{,}5 = -0{,}3 \mid -1{,}5$
$x = -1{,}8$
$L = \{-1{,}8\}$

d) $3x = 12 \mid :3$
$x = 4$
$L = \{4\}$

e) $0{,}1x = -4 \mid :0{,}1$
$x = -40$
$L = \{-40\}$

f) $-\frac{1}{2}x = 5 \mid :\left(-\frac{1}{2}\right)$
$x = 5 : \left(-\frac{1}{2}\right) = -5 \cdot 2$
$x = -10$
$L = \{-10\}$

Übung 2

a) $2x + 6 = 26 \mid -6$
$2x = 20 \mid :2$
$x = 10$
$L = \{10\}$

b) $\frac{1}{2}x - 2 = 10 \mid +2$
$\frac{1}{2}x = 12 \mid : \frac{1}{2}$
$x = 12 : \frac{1}{2} = 12 \cdot 2$
$x = 24$
$L = \{24\}$

c) $3x + 4 = 0 \mid -4$
$3x = -4 \mid :3$
$x = -\frac{4}{3}$
$L = \{-\frac{4}{3}\}$

Übung 3

$9x + 12 = 5 - 5x \quad \mid +5x$
$14x + 12 = 5 \quad \mid -12$
$14x = -7 \quad \mid :14$
$x = -\frac{1}{2}$

Probe: $\text{lT} = 9 \cdot \left(-\frac{1}{2}\right) + 12 = \frac{15}{2}$
$\text{rT} = 5 - 5 \cdot \left(-\frac{1}{2}\right) = \frac{15}{2}$
$L = \{-\frac{1}{2}\}$

Übung 4

a) $4x - 5 = 4x \mid -4x$
$-5 = 0$
$L = \{\ \}$

b) $8 - 3x = 11 \mid -8$
$-3x = 3 \mid :(-3)$
$x = -1$
$L = \{-1\}$

c) $3x + 5 = 5 + 3x \mid -5$
$3x = 3x$
$L = \mathbb{Q}$

Übung 5

a) $9b = -27$; $L = \{-3\}$
b) $12a - 17 = 3$; $L = \{\frac{5}{3}\}$
c) $16 - 5z = -7z$; $L = \{-8\}$
d) $6t - 13 = 5t - 3$; $L = \{10\}$
e) $8s + 7 = 8s + 7$; $L = \mathbb{Q}$
f) $-3b < 5$; $L = \{b \in \mathbb{Q} \mid b > -\frac{5}{3}\}$
g) $-3x - 14 < 12x + 6$; $L = \{x \in \mathbb{Q} \mid x > -\frac{4}{3}\}$
h) $9x - 6 > 3 + 9x$; $L = \{\ \}$
i) $4 - 5z > -1 - 5z$; $L = \mathbb{Q}$

2. Lineare Gleichungen und Ungleichungen ohne Bruchterme

Übung 1

a) $3z + 6 - 7z = 9 - 8z + 13$; $L = \{4\}$
b) $6u - (-3u + 4) = 8(u + 4)$; $L = \{36\}$
c) $5(3x - 5) = 4(3x - 1)$; $L = \{7\}$
d) $5(2 - 3x) + 6 = 9x - 5(3x - 14)$; $L = \{-6\}$
e) $2(t - 2) > 2t - 5$; $L = \mathbb{Q}$
f) $3u - 9 \geqq 9u - 3$; $L = \{u \in \mathbb{Q} \mid u \leqq -1\}$
g) $48s - 13 - 23s > 25s - 13$; $L = \{\ \}$
h) $8s^2 - 4s(s - 2) < (2s - 3)(2s + 1)$;
$L = \{s \in \mathbb{Q} \mid s < -\frac{1}{4}\}$

Übung 2

a) {0} b) { } c) $\mathbb{Q}$ d) { }

3. Textaufgaben

Übung 1

a) Sohn: x Jahre; Vater: $4x$ Jahre
$4x - x = 33$; $x = 11$
Der Sohn ist 11, der Vater ist 44.

b) $x + 3x + 5x = 135$; $x = 15$
Die Zahl heißt 15.

c) vorher: Anton: $4x$; Julia: x
nachher: Anton: $4x - 12$; Julia: $x + 12$
$4x - 12 = x + 12$; $x = 8$
Anton hat 32, Julia hat 8 Nüsse.

d) Seiten vorher: x cm; x cm
Seiten nachher: $(x + 4)$ cm; $(x - 3)$ cm
$x^2 = (x + 4)(x - 3) = x^2 + 4x - 3x - 12$; $x = 12$
Die Quadratseite ist 12 cm lang.

e) $x + (x + 1) + (x + 2) + (x + 3) = 250$
$4x + 6 = 250$; $x = 61$.
Die vier aufeinander folgenden Zahlen heißen 61; 62; 63; 64.

f) vorher: x Jungen; $3x$ Mädchen
nachher: $(x - 1)$ Jungen; $(3x + 1)$ Mädchen
$3x + 1 = 4(x - 1)$; $x = 5$
Am Anfang waren es 5 Jungen und 15 Mädchen.

KAPITEL 5

1. Winkel an Geraden

Übung 1

a) $\alpha_n = 145°$ $\beta_n = 97°$

b) Wenn β zunimmt, nimmt α ab.
Wenn α zunimmt, nimmt β ab.
Wenn α abnimmt, nimmt β zu.

c) $\alpha = 40°$; $\beta = 50°$; $\gamma = 50°$

d) $\alpha = 70°$; $\beta = 70°$; $\gamma = 20°$; $\delta = 70°$; $\varepsilon = 70°$; $\omega = 20°$

Übung 2

α_1 ist Wechselwinkel zu β_2.
β_1 ist Nebenwinkel zu γ_1.
α_1 ist Nachbarwinkel zu γ_2.
α_1 ist Nebenwinkel zu β_1.
γ_1 ist Stufenwinkel zu β_2.
δ_2 ist Stufenwinkel zu α_1.

Übung 3

a) Stufenwinkel zu α_1: δ_2 γ_3
b) Wechselwinkel zu β_2: α_1 γ_3
c) Nachbarwinkel zu γ_2: γ_1 α_3

Übung 4

a) $\alpha_1 = 37°$; $\beta_1 = 143°$; $\gamma_1 = 37°$; $\delta_1 = 143°$
$\alpha_2 = 37°$; $\beta_2 = 143°$; $\gamma_2 = 37°$; $\delta_2 = 143°$

b) $\alpha_1 = 60°$; $\beta_1 = 120°$; $\gamma_1 = 60°$; $\delta_1 = 120°$
$\alpha_2 = 75°$; $\beta_2 = 60°$; $\gamma_2 = 45°$; $\delta_2 = 75°$; $\varepsilon_2 = 60°$;
$\omega_2 = 45°$; $\alpha_3 = 135°$; $\beta_3 = 45°$; $\gamma_3 = 135°$; $\delta_3 = 45°$

2. Winkel bei Vielecken

Übung 1

a) $\alpha = 100°$ b) $\beta = 45°$ c) $\gamma = 120°$
d) $\alpha = 65°$ e) $\beta = 50°$ f) $\gamma = 60°$
Tipp: Denke stets an die Winkelsumme im Vieleck!

3. Winkel bei Dreiecken

Übung 1

a) Seiten: $x = \overline{PQ}$, $y = \overline{QR}$, $z = \overline{RP}$
Winkel: $\alpha_1 = \sphericalangle QPR$, $\alpha_2 = \sphericalangle RQP$, $\alpha_3 = \sphericalangle PRQ$

b) $\triangle ABC$: Seiten: $\overline{AB}, \overline{BC}, \overline{CA}$,
$\triangle ABD$: Seiten: $\overline{AB}, \overline{BD}, \overline{DA}$
$\triangle ABE$: Seiten: $\overline{AB}, \overline{BE}, \overline{EA}$
$\triangle ACD$: Seiten: $\overline{AC}, \overline{CD}, \overline{DA}$
$\triangle AED$: Seiten: $\overline{AE}, \overline{ED}, \overline{DA}$
$\triangle BCD$: Seiten: $\overline{BC}, \overline{CD}, \overline{DB}$
$\triangle BCE$: Seiten: $\overline{BC}, \overline{CE}, \overline{EB}$
$\triangle CDE$: Seiten: $\overline{CD}, \overline{DE}, \overline{EC}$
$\triangle ABC$: Winkel: $\sphericalangle BAC$, $\sphericalangle CBA$, $\sphericalangle ACB$
$\triangle ABD$: Winkel: $\sphericalangle BAD$, $\sphericalangle DBA$, $\sphericalangle ADB$
$\triangle ABE$: Winkel: $\sphericalangle BAE$, $\sphericalangle EBA$, $\sphericalangle AEB$
$\triangle ACD$: Winkel: $\sphericalangle CAD$, $\sphericalangle DCA$, $\sphericalangle ADC$
$\triangle AED$: Winkel: $\sphericalangle EAD$, $\sphericalangle DEA$, $\sphericalangle ADE$
$\triangle BCD$: Winkel: $\sphericalangle CBD$, $\sphericalangle DCB$, $\sphericalangle BDC$
$\triangle BCE$: Winkel: $\sphericalangle CBE$, $\sphericalangle ECB$, $\sphericalangle BEC$
$\triangle CDE$: Winkel: $\sphericalangle DCE$, $\sphericalangle EDC$, $\sphericalangle CED$

Übung 2

	a)	b)	c)	d)	e)
α	45°	120°	40°	60°	30°
β	75°	20°	70°	60°	60°
γ	60°	40°	70°	60°	90°
α_1	135°	60°	140°	120°	150°
β_1	105°	160°	110°	120°	120°
γ_1	120°	140°	110°	120°	90°

	f)	g)	h)	i)	k)
α	50°	–	10°	100°	72°
β	60°	70°	20°	–	72°
γ	70°	80°	150°	90°	36°
α_1	130°	120°	170°	–	108°
β_1	120°	–	160°	–	108°
γ_1	110°	–	30°	–	144°

Übung 3

a) $\beta = \alpha = 30°$

b) $\beta = 360° - \alpha - 2 \cdot 90° = 180° - \alpha = 150°$

Übung 4

$\gamma_2 = \beta = 90° - \alpha = 58{,}5°$; $\gamma_1 = \alpha = 31{,}5°$;
$\beta_1 = 90° + \alpha = 121{,}5°$

Übung 5

$\delta = 90° - \alpha = 36°$; $\varepsilon = 180° - \delta - \varphi = 41°$;
$\gamma = 180° - \varphi = 77°$

KAPITEL 6

1. Kongruenzabbildungen

Übung 1

a)
b)

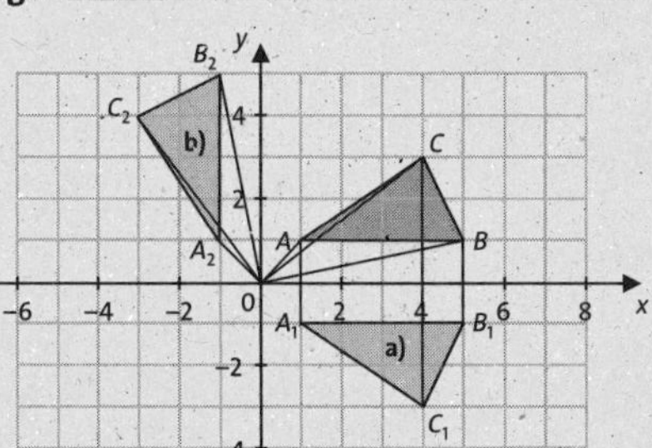

c)
d)

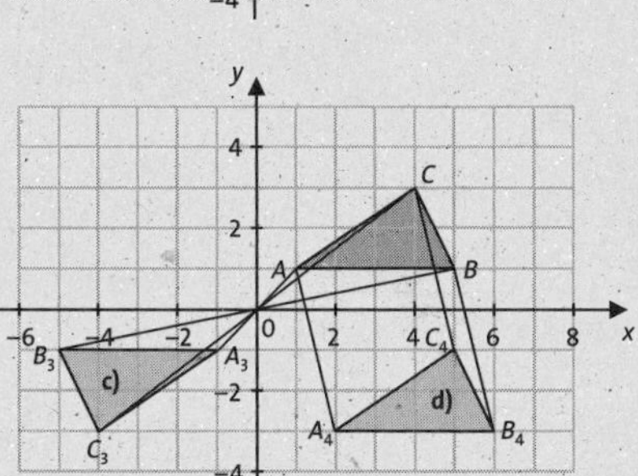

Alle Bilddreiecke sind kongruent.

Übung 2

a) $A'(8; 2), B'(11; 5), C'(8; 7)$

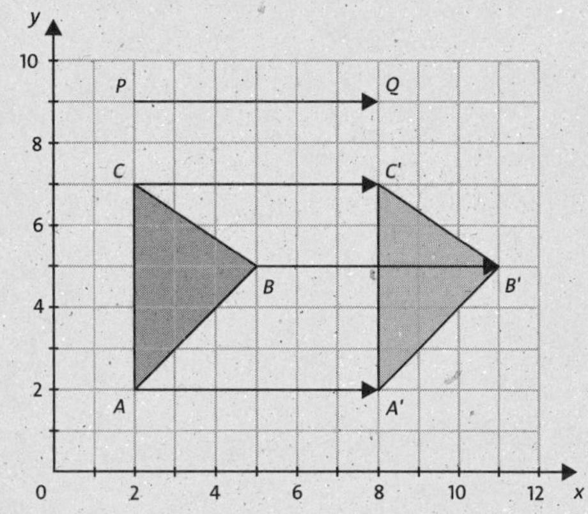

b) $A'(1; 3), B'(5; 1), C'(4; 5)$

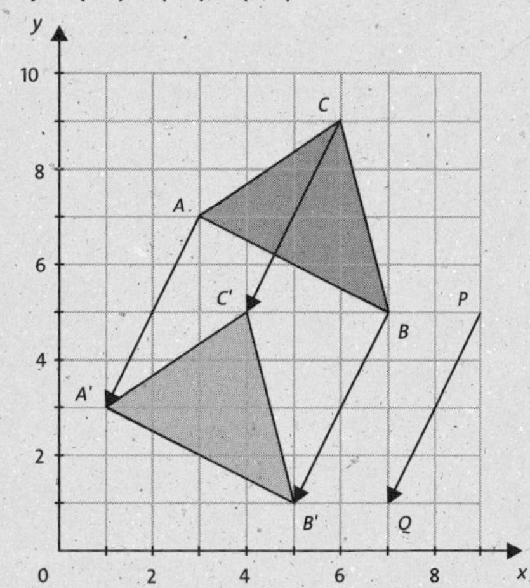

Übung 3

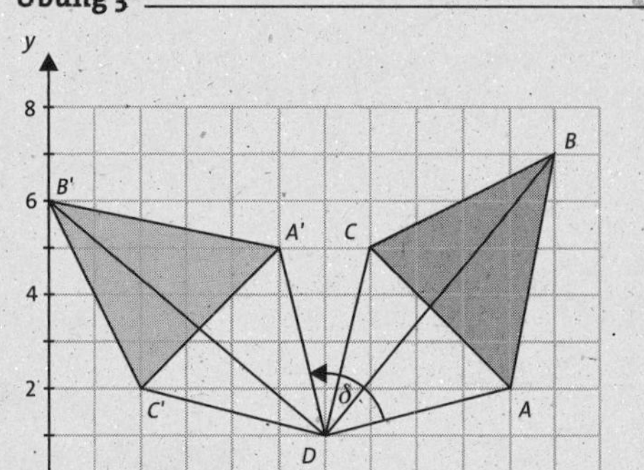

Übung 4

a)

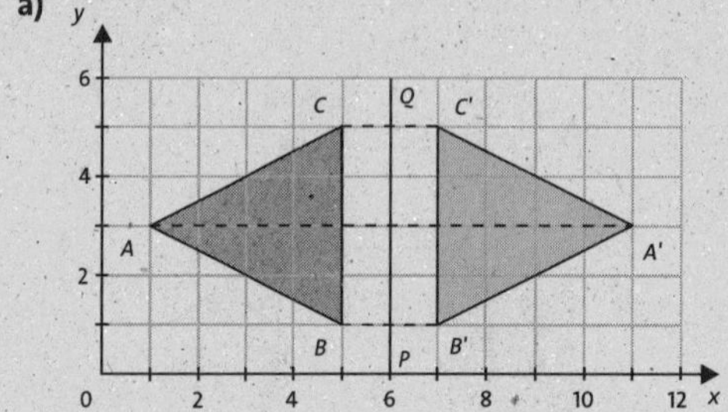

b)

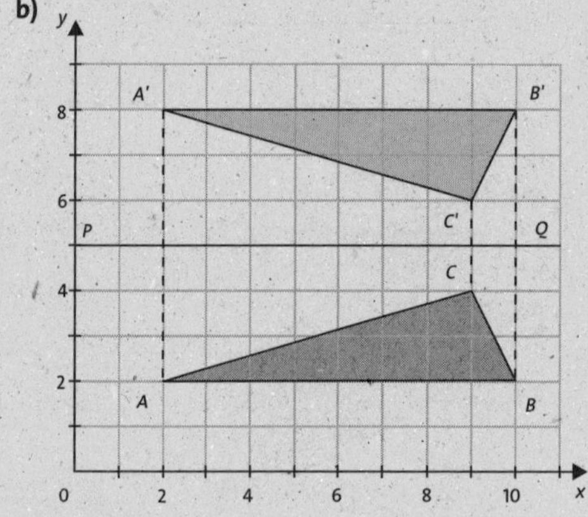

Übung 5

$F_1 \cong F_3 \cong F_4 \cong F_6 \cong F_8 \cong F_{11}$

$F_2 \cong F_9 \cong F_{10}$

$F_7 \cong F_{12}$

Übung 6

Achsensymmetrisch: T, X (2 Achsen), O (2 Achsen)

Punktsymmetrisch: X, S, O, Z

Übung 7

90°; 180°; 270°

2. Kongruenzsätze

Übung 1

8 Dreiecke: $\triangle ABC \cong \triangle CDA$; $\triangle BCD \cong \triangle DAB$; $\triangle ABM \cong \triangle CDM$; $\triangle BCM \cong \triangle DAM$

Übung 2

Beispiel: $\triangle ABC \cong \triangle CDA$

Beweis:

$AB = CD$ (Gegenseiten im Parallelogramm)

$BC = DA$ (Gegenseiten im Parallelogramm)

$AC = CA$ (gemeinsame Seite)

Die Dreiecke *ABC* und *CDA* stimmen in allen drei Seiten überein. Nach dem Kongruenzsatz sss gilt: $\triangle ABC \cong \triangle CDA$.

Übung 3

Sicher sind kongruent:

b) Ssw **d)** sss **e)** sws **f)** wsw

KAPITEL 7

1. Allgemeine Dreiecke

Übung 1

a) ja **b)** nein **c)** ja **d)** ja **e)** nein **f)** ja

Übung 2

a) Der größeren Seite liegt nicht der größere Winkel gegenüber.

b) Die Dreiecksungleichung stimmt nicht.

c) Die Innenwinkelsumme stimmt nicht.

2. Dreiecksarten

Übung 1

a) 60°

b) Da alle Innenwinkel im gleichseitigen Dreieck 60° betragen, kann ein gleichseitiges Dreieck nicht rechtwinklig oder stumpfwinklig sein.

Übung 2

Mit $\gamma = 110°$ erhält man: $\alpha = \beta = (180° - 110°) : 2$.

Die Basiswinkel messen 35°.

Übung 3

Maßstab 1 : 2

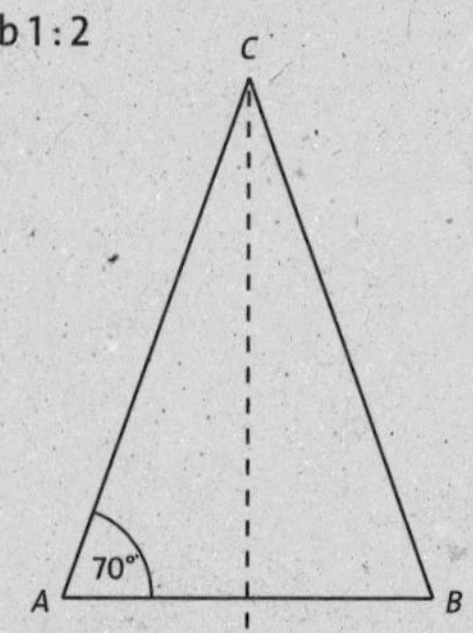

Übung 4

C liegt auf dem Thaleskreis und auf dem Kreis um *B* mit dem Radius 3 cm.

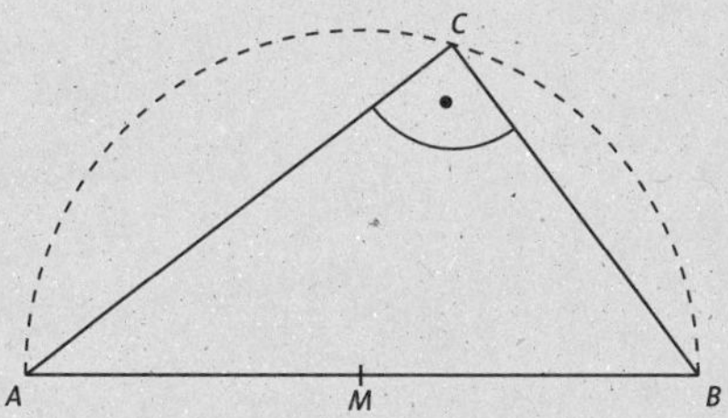

Übung 5

A liegt auf dem Thaleskreis und auf dem freien Schenkel von β. (Maßstab 1 : 2)

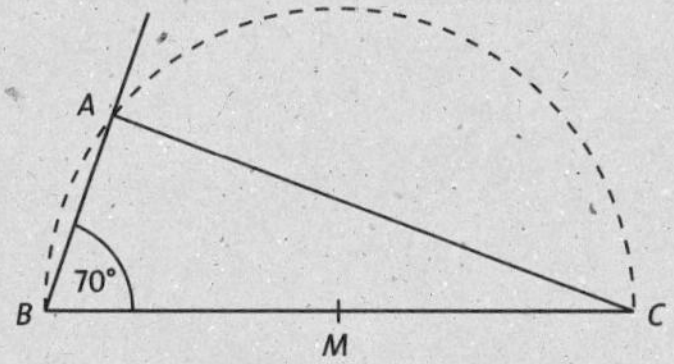

3. Konstruktion von Dreiecken

Übung 1

a)

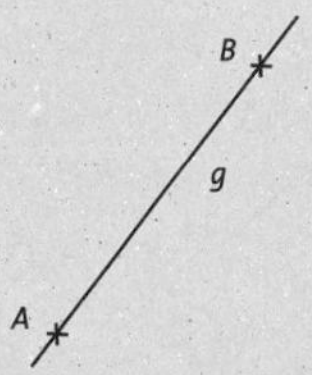

b)

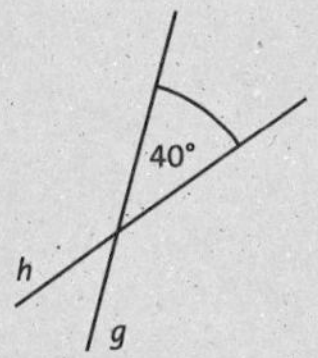

c) Maßstab 1 : 2

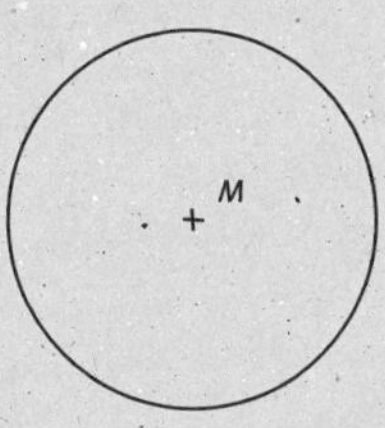

d) Der Abstand der Mittelpunkte beider Kreise muss zwischen 2 cm und 6 cm betragen, wenn die Kreise einander schneiden sollen.
Maßstab 1 : 2

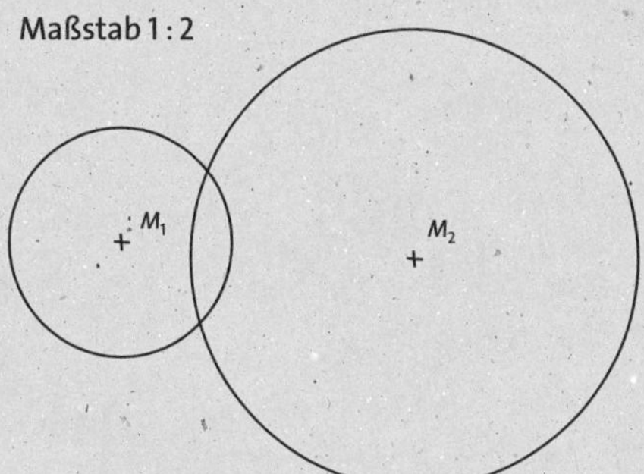

e)

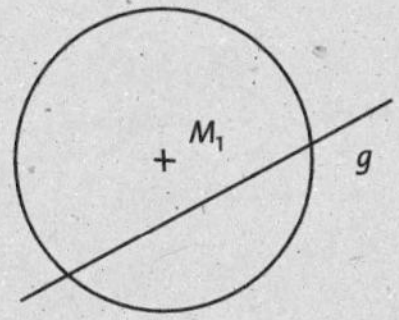

f)

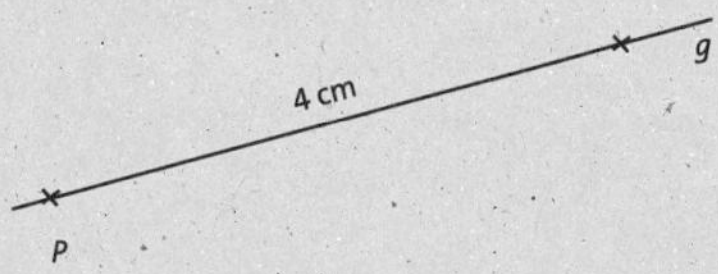

g)

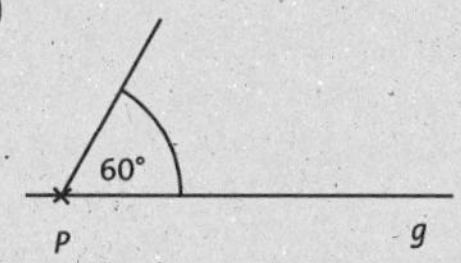

Übung 2

a) Zeichne um *A* und *B* Kreise mit $r > \frac{\overline{AB}}{2}$. Die Kreise schneiden einander in P_1 und P_2. Die durch P_1 und P_2 verlaufende Gerade ist die Mittelsenkrechte von $\overline{AB}$.

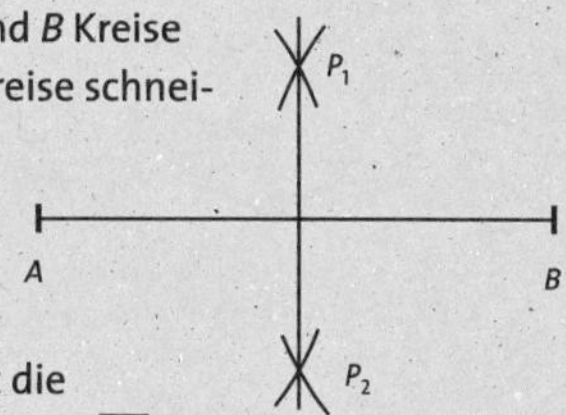

b) Zeichne um *P* einen Kreis. Er schneidet *g* in *A* und *B*. Zeichne um *A* und *B* Kreise mit $r > \frac{\overline{AB}}{2}$.

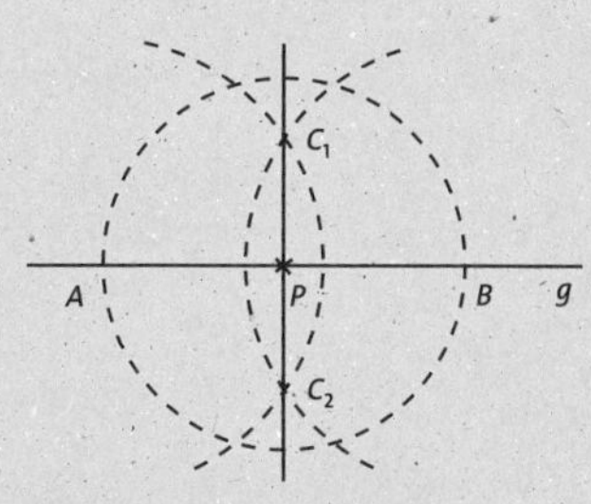

Die Kreise schneiden einander in C_1 und C_2. Die durch C_1 und C_2 verlaufende Gerade ist die Senkrechte auf *g* in *P*.

c) Zeichne um *P* einen Kreis, der *g* in *A* und *B* schneidet. Zeichne um *A* und *B* Kreise mit $r > \frac{\overline{AB}}{2}$. Die Kreise schneiden einander in C_1 und C_2. Die durch C_1 und C_2 verlaufende Gerade enthält *P* und schneidet *g* in *M*. $\overline{PM}$ ist das Lot von *P* auf *g*. (Bild s. S. 12)

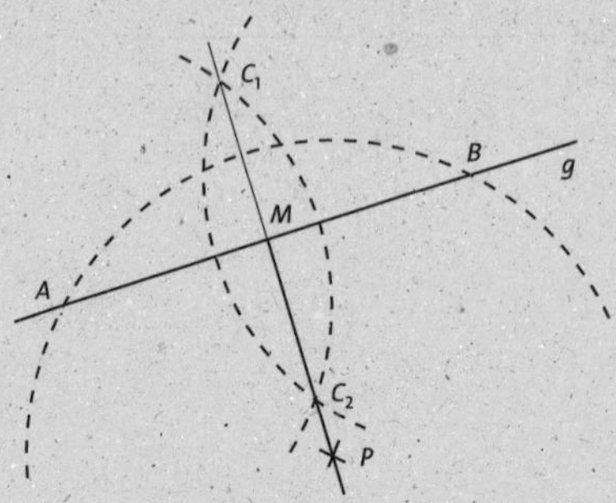

d) Zeichne um den Scheitel *S* des Winkels einen Kreis. Er schneidet die Schenkel des Winkels in *A* und *B*. Zeichne um *A* und *B* Kreise mit $r > \frac{\overline{AB}}{2}$. Sie schneiden einander in C_1 und C_2. Die durch C_1 und C_2 verlaufende Gerade ist die Winkelhalbierende *w*.

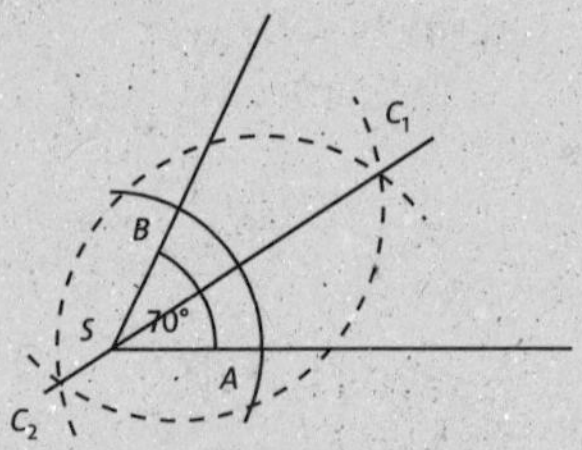

e) Konstruiere das Lot *l* von *P* auf *g* (vgl. Aufgabe c). Konstruiere die Senkrechte auf *l* in *P*. Die Senkrechte ist die Parallele zu *g* durch *P*.

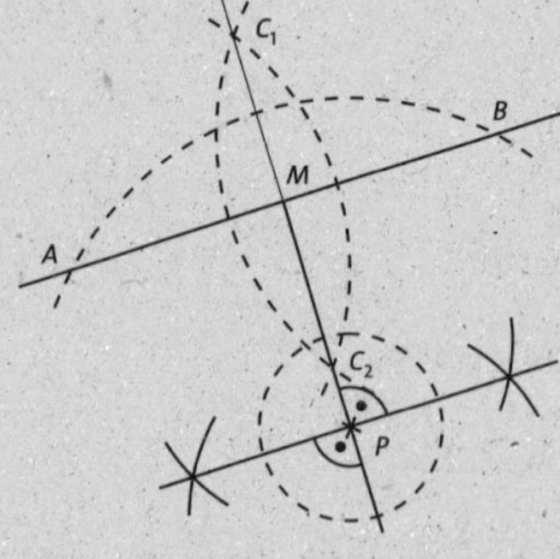

Übung 3

a)

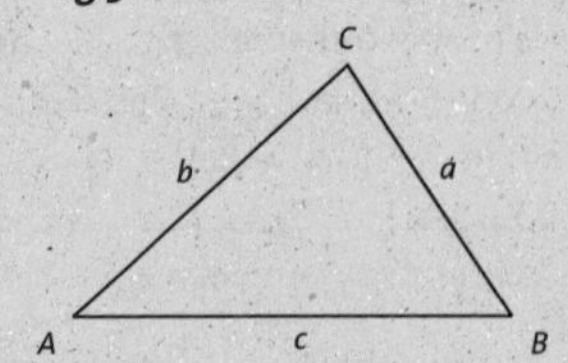

Für die Bilder a) bis d) gilt: Maßstab 1 : 2.

b)

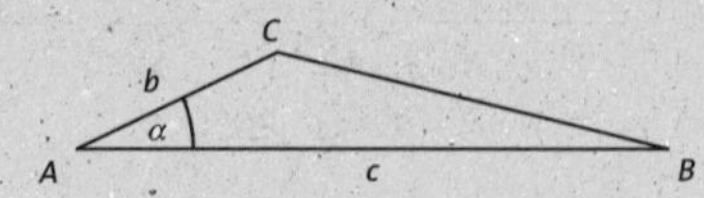

c)

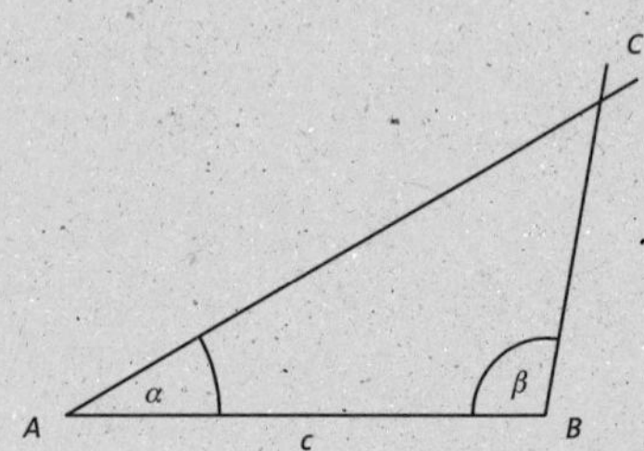

d)

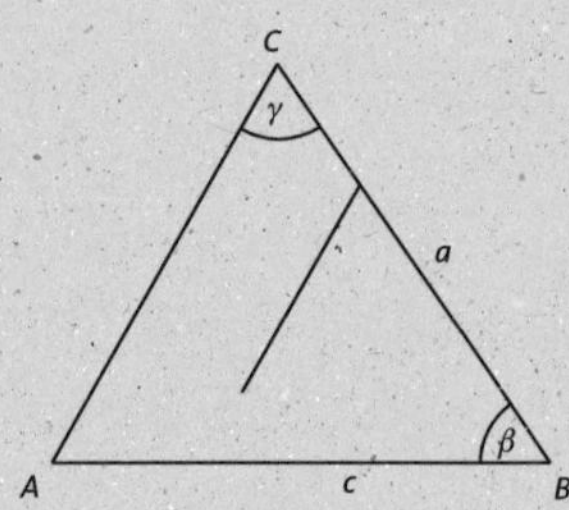

Übung 4

a)

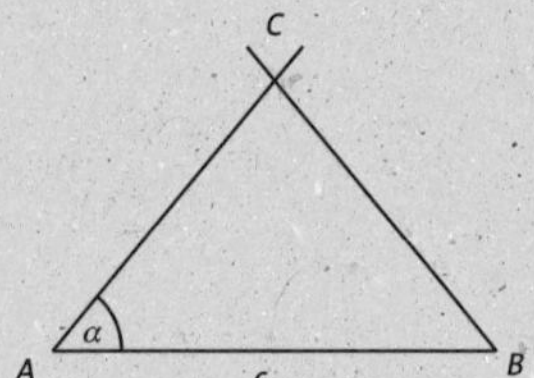

b)

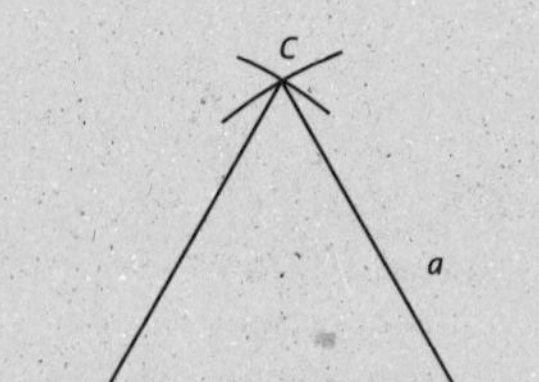

c)

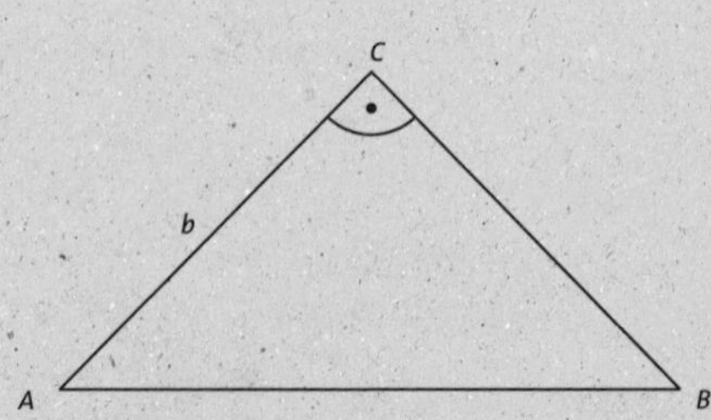

Übung 5

a) nicht lösbar, denn $a + c = b$

b) nicht lösbar, denn $\alpha + \beta + \gamma > 180°$

Übung 6

a)

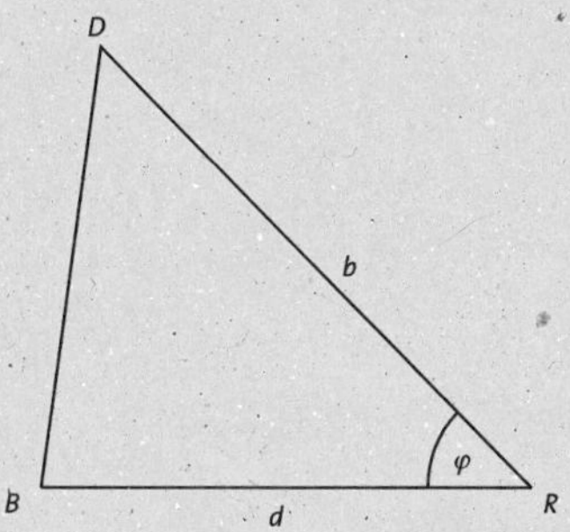

b)

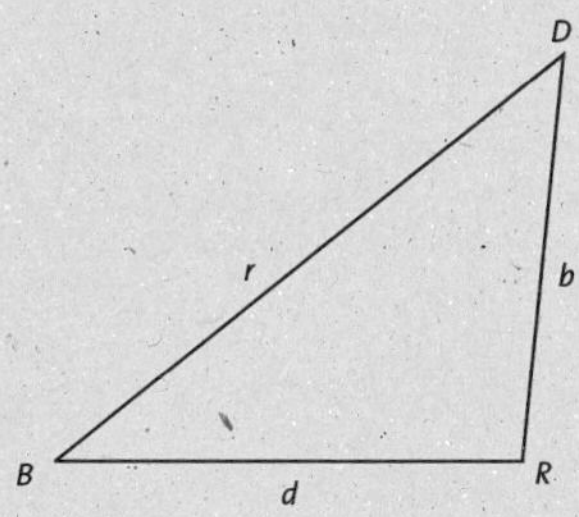

Übung 7

a)

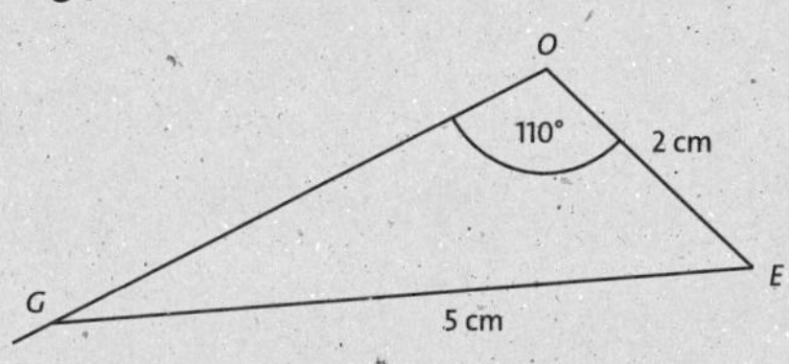

b) nicht lösbar, denn: $\overline{GE} + \overline{OG} < \overline{EO}$

4. Besondere Linien im Dreieck

Übung 1

Maßstab 1 : 2

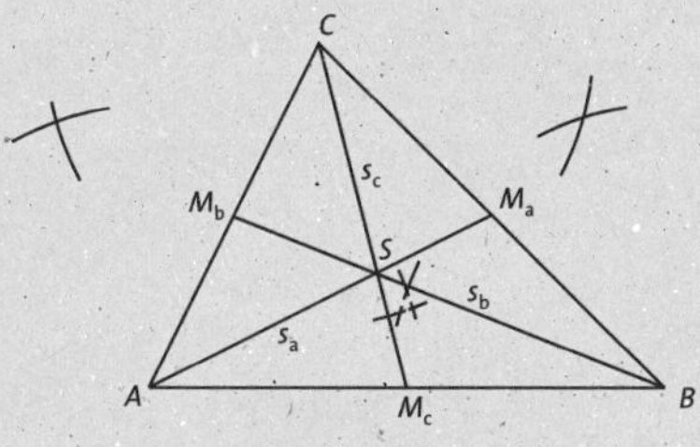

Übung 2

Maßstab 1 : 2

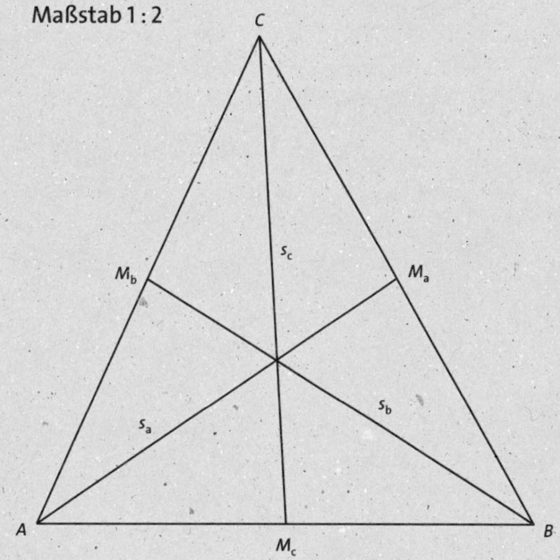

Übung 3

Maßstab 1 : 2

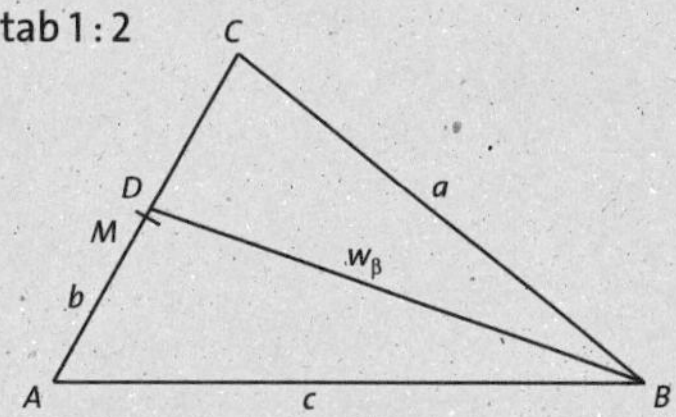

Übung 4

Maßstab 1 : 2

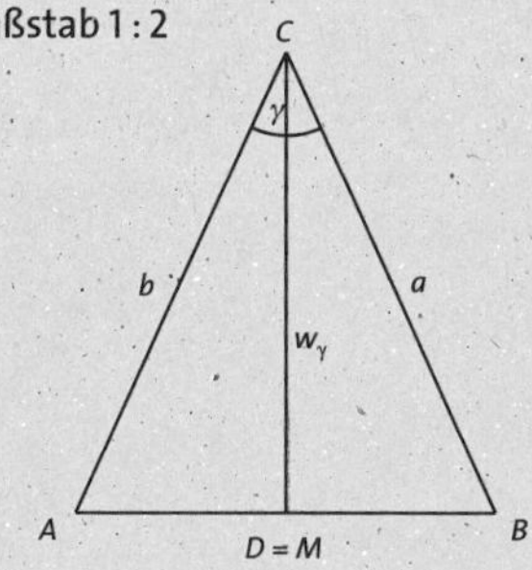

Übung 5

D und M stimmen nur im gleichschenkligen Dreieck überein.

Übung 6

Alle drei Winkelhalbierenden schneiden einander in einem Punkt W.

Alle Punkte, die von a und b gleichen Abstand haben, liegen auf w_γ.

Alle Punkte, die von *a* und *c* gleichen Abstand haben, liegen auf w_β.
w_γ und w_β schneiden einander in *W*.
W hat also den gleichen Abstand von *a*, *b* und *c*.
Auf w_α liegen alle Punkte, die von *b* und *c* gleichen Abstand haben.
Also muss w_α auch durch *W* verlaufen.

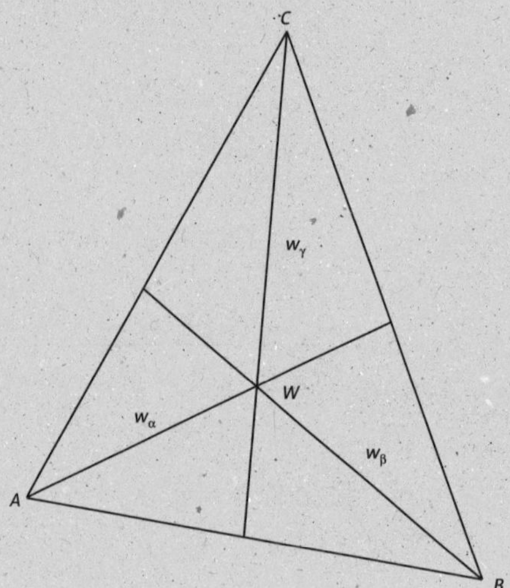

Übung 7

a)

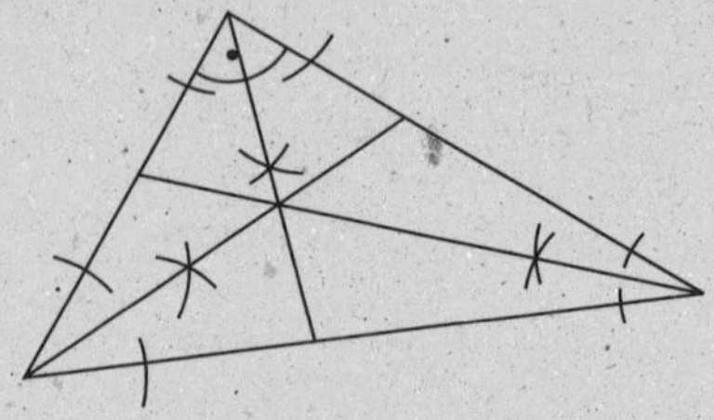

b)

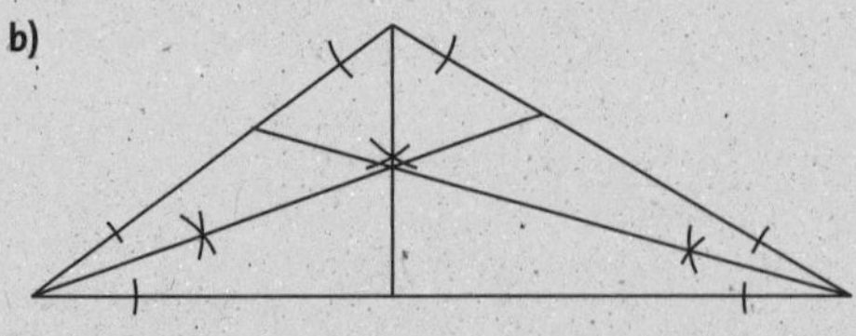

Übung 8

Alle drei Mittelsenkrechten schneiden einander in einem Punkt *M*.
Alle Punkte, die von *A* und *B* gleichen Abstand haben, liegen auf m_c.
Alle Punkte, die von *A* und *C* gleichen Abstand haben, liegen auf m_b.
m_c und m_b schneiden einander in *M*.
M hat also den gleichen Abstand von *A*, *B* und *C*.
Auf m_a liegen alle Punkte die von *B* und *C* gleichen Abstand haben.
Also muss m_a auch durch *M* verlaufen.
Maßstab 1 : 2

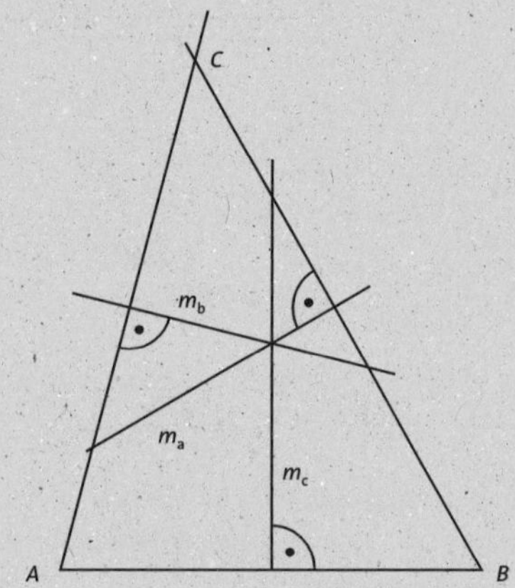

Übung 9

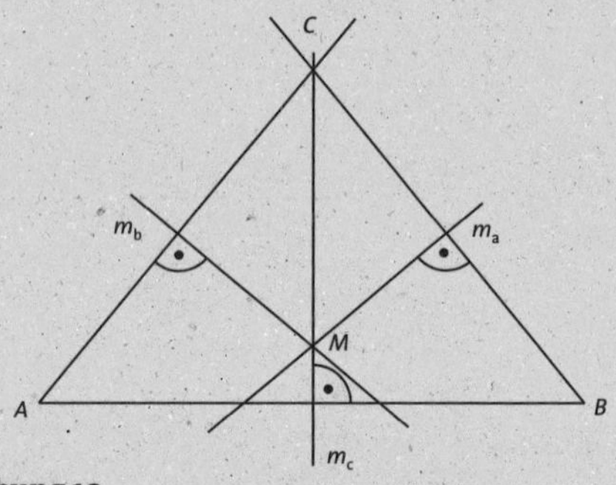

Übung 10

a) Alle drei Höhen schneiden einander in einem Punkt *H*.

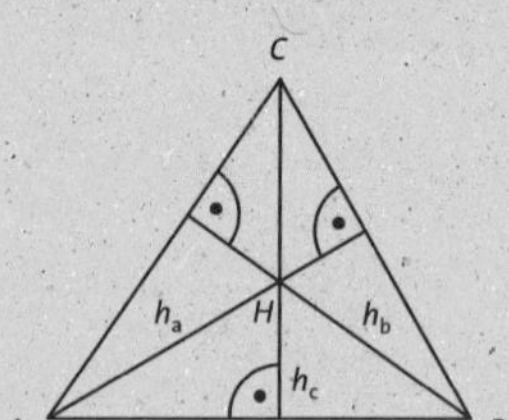

b) Die Mittelsenkrechten des Dreiecks *ABC* schneiden einander in *M*.
Im Dreieck $M_aM_bM_c$ erscheinen sie als Höhen.

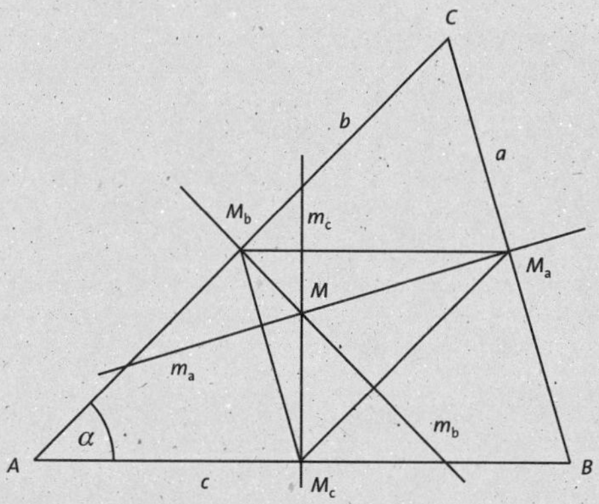

c) Die Höhen im rechtwinkligen Dreieck schneiden einander im Scheitel C des rechten Winkels.
Es gilt: $h_a = b$ und $h_b = a$.

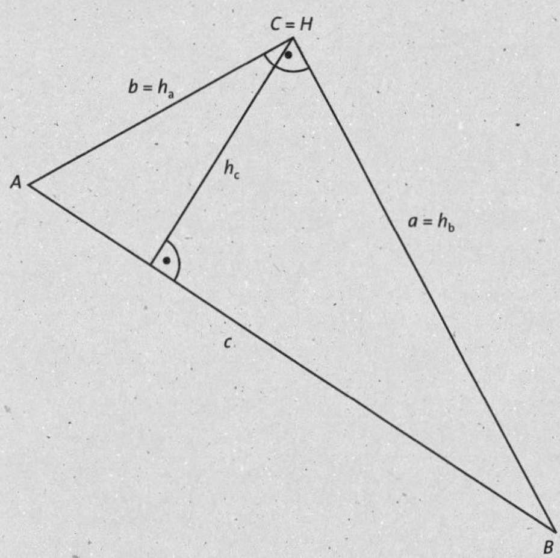

d) Der Schnittpunkt *H* der verlängerten Höhen liegt außerhalb des Dreiecks.

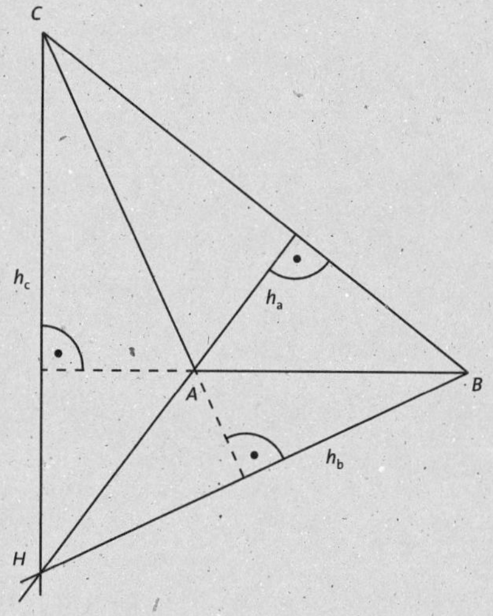

Übung 11

Maßstab 1 : 2

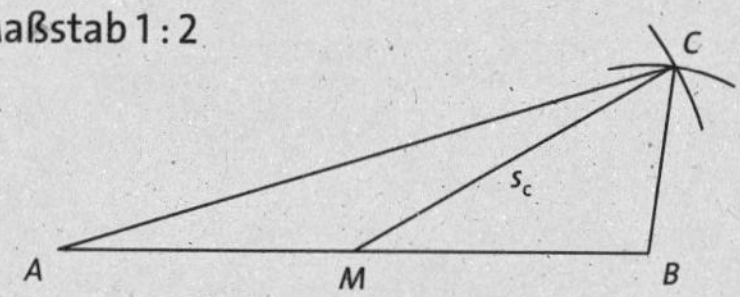

Übung 12

a) Teildreieck *ABD* lässt sich aus $c, \frac{\alpha}{2}$ und w_α konstruieren.
C liegt auf *BD* und auf dem freien Schenkel von α.

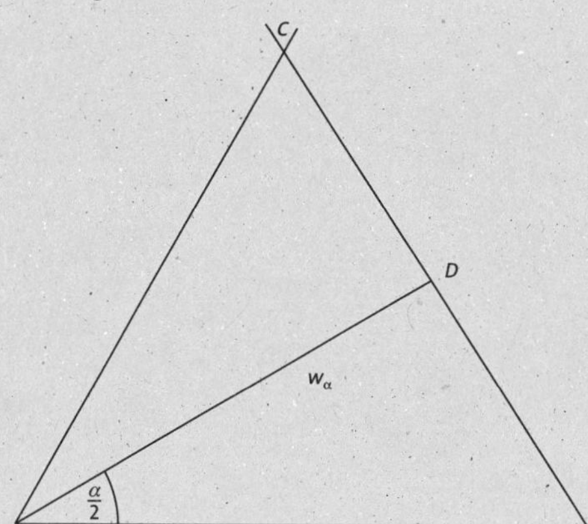

b) Teildreieck *AFC* lässt sich aus h_a, $\sphericalangle CFA = 90°$ und *b* konstruieren.

B liegt auf *CF* und auf dem Kreis um *C* mit Radius *a*.

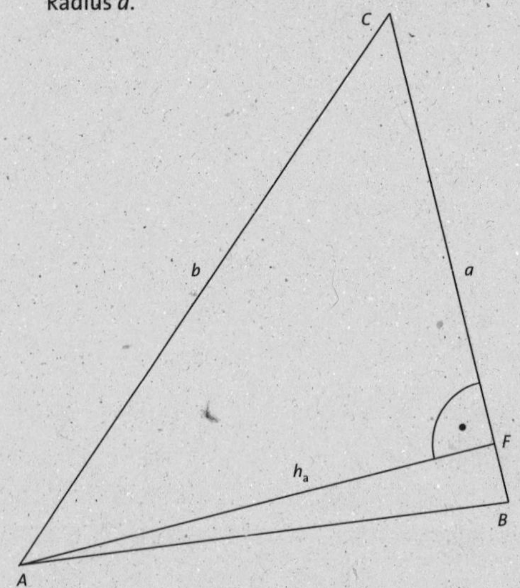

c) Teildreieck *ABM* lässt sich aus *c*, α und s_b konstruieren. Weil α Gegenwinkel der kleineren Seite ist, gibt es zwei Lösungen mit den Punkten M_1 und M_2.
C_1 erhält man durch Verdopplung von $\overline{AM_1}$ über M_1 hinaus;
C_2 entsprechend durch Verdopplung von $\overline{AM_2}$ über M_2 hinaus.
Maßstab 1 : 2

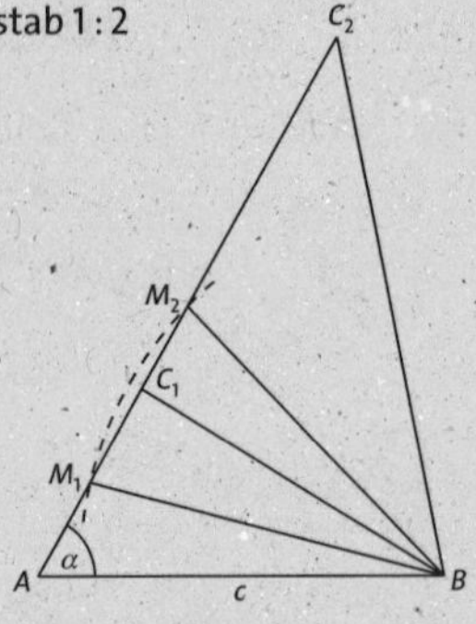

Übung 13

Man beginnt mit dem Umkreis und wählt einen Eckpunkt an beliebiger Stelle auf dem Umkreis. (Maßstab 1 : 2)

a)

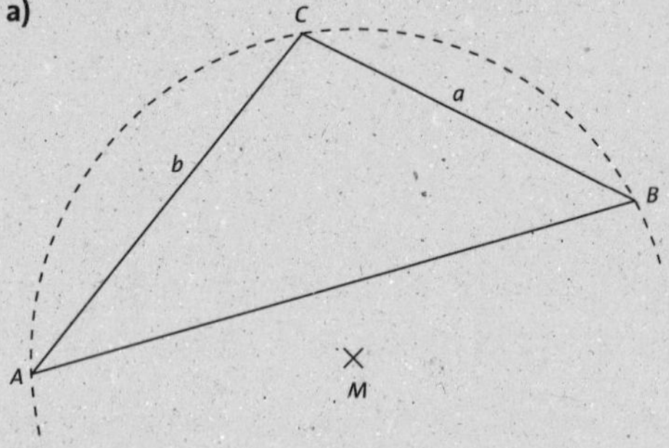

b)

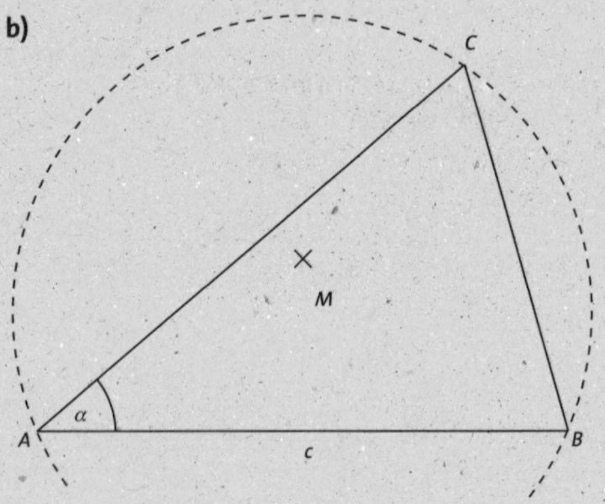

Cornelsen online http://www.cornelsen.de

Dieses Werk berücksichtigt die Regeln der reformierten Rechtschreibung und Zeichensetzung.

7. 6. 5. 4. 3.
09 08 07 06 05

Die letzten Ziffern bezeichnen Zahl und Jahr der Auflage.

Printed in the Czech Republic
ISBN 3-589-21825-8
Bestellnummer 218258

Vielecksorte	Summe der Außenwinkel	Summe der Innenwinkel
Dreieck	360°	$(3-2)\cdot 180° = 1\cdot 180°$
Viereck	360°	$(4-2)\cdot 180° = 2\cdot 180°$
Fünfeck	360°	$(5-2)\cdot 180° = 3\cdot 180°$
Sechseck	360°	$(6-2)\cdot 180° = 4\cdot 180°$
…	…	…
Tausendeck	360°	$(1000-2)\cdot 180° = 998\cdot 180°$
…	…	…

In Worten:
Die Summe eines Satzes von Außenwinkeln eines n-Ecks beträgt 360°.
Die Summe der Innenwinkel eines n-Ecks beträgt $(n-2)\cdot 180°$.

Anmerkung: Dieser Satz gilt nur in der Ebene, aber nicht z. B. für Vielecke, die auf einer Kugeloberfläche liegen. Wir betreiben aber hier ausschließlich ebene Geometrie.

Übung 1

Berechne die gesuchten Winkel.

a) $\alpha =$ __________ **b)** $\beta =$ __________ **c)** $\gamma =$ __________

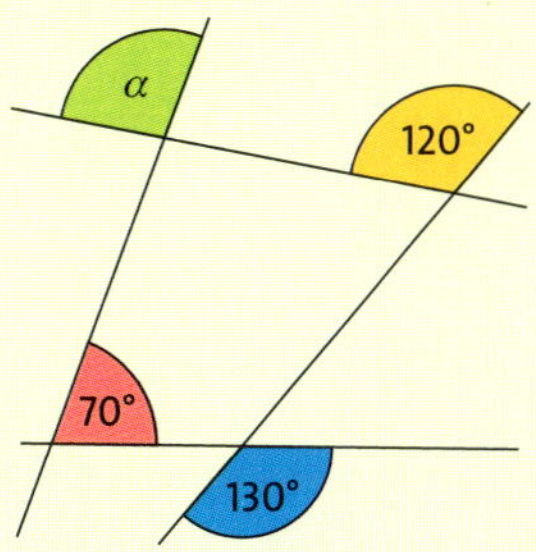

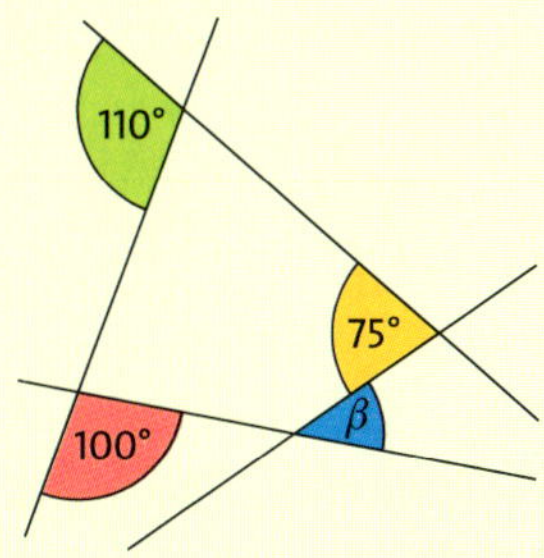

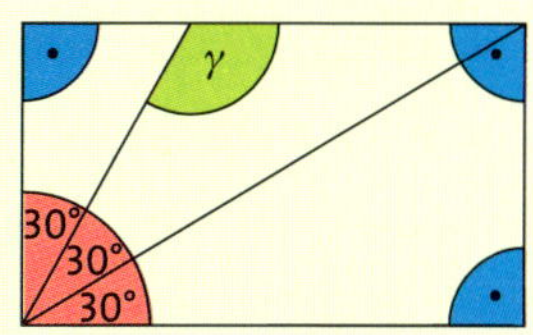

d) $\alpha =$ __________ **e)** $\beta =$ __________ **f)** $\gamma =$ __________

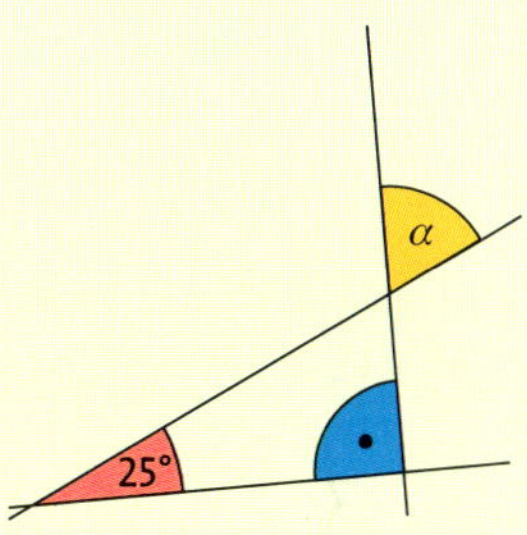

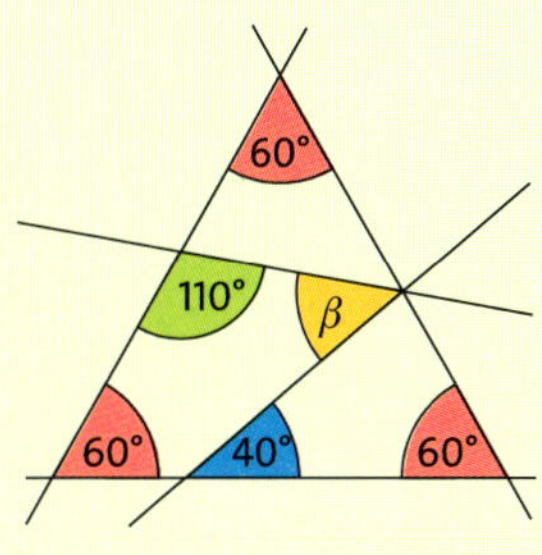

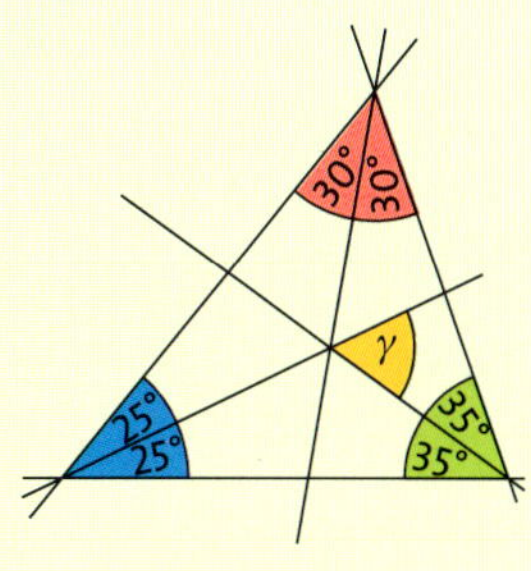

3 Winkel bei Dreiecken

Drei Punkte einer Ebene, die nicht auf einer Geraden liegen, bilden ein Dreieck.

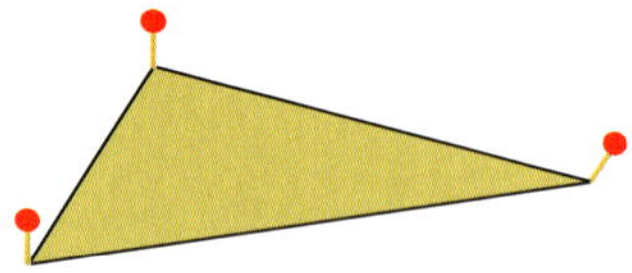

Ein Dreieck hat: **3 Ecken** (Eckpunkte); **3 Seiten** (Verbindungsstrecken der Eckpunkte) und **3 Winkel** (Innenwinkel).
Man nennt sie auch die wesentlichen Stücke eines Dreiecks.
Wollen wir uns über ein bestimmtes Dreieck verständigen, müssen wir seine wesentlichen Stücke bezeichnen. Meist werden folgende Bezeichnungen gewählt: das $\triangle ABC$ hat die Eckpunkte A, B, C (lateinische Großbuchstaben); die Seiten a, b, c (lateinische Kleinbuchstaben); die Winkel α, β, γ (griechische Kleinbuchstaben).
Manchmal verwendet man auch $\alpha_1, \alpha_2, \alpha_3, \ldots$

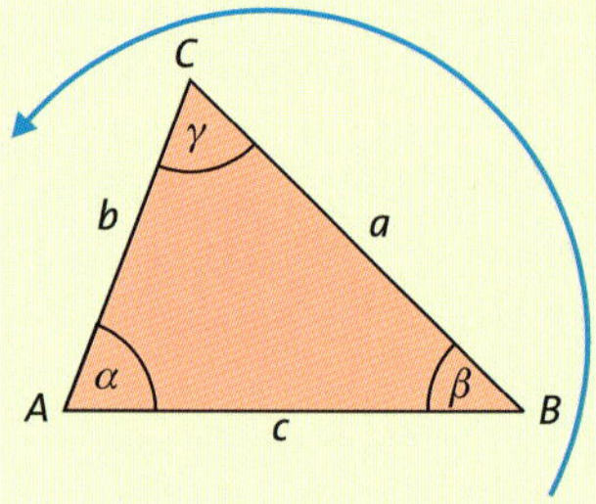

Dabei umläuft man das Dreieck dem Alphabet folgend entgegen dem Uhrzeigersinn (im mathematisch positiven Drehsinn).
Seiten und Winkel können auch mit Hilfe der Eckpunkte bezeichnet werden:

$a = \overline{BC}$, $b = \overline{CA}$, $c = \overline{AB}$,

$\alpha = \sphericalangle BAC$, $\beta = \sphericalangle CBA$, $\gamma = \sphericalangle ACB$.

Bei Winkeln (z. B. $\sphericalangle ACB$) wird entgegen dem Uhrzeigersinn ein Punkt (A) auf dem ersten Schenkel, dann der Scheitel (C) und danach ein Punkt (B) auf dem zweiten Schenkel angegeben.

Übung 1

a) Drücke die Seiten und Winkel des $\triangle PQR$ mit Hilfe der Eckpunktbezeichnungen aus.

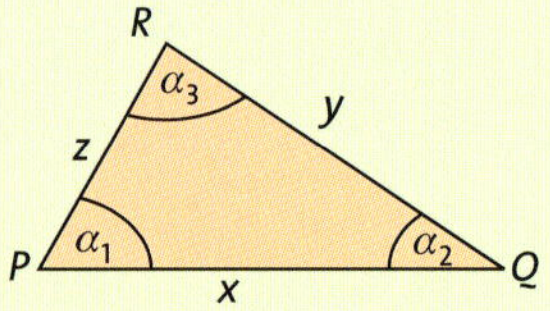

b) Suche alle erkennbaren Dreiecke und benenne mit Hilfe der Eckpunkte jeweils Seiten und Winkel.

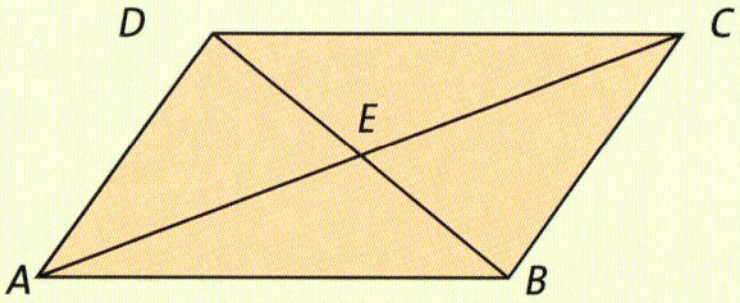

Innenwinkel

Wie groß können die Innenwinkel eines Dreiecks sein?

a) Jeder Innenwinkel muss kleiner als 180° sein. Wäre ein Innenwinkel 180°, so würden alle Ecken auf einer Geraden liegen und kein Dreieck bilden.
Wenn ein Innenwinkel stumpf ist, so müssen die beiden anderen spitz sein.

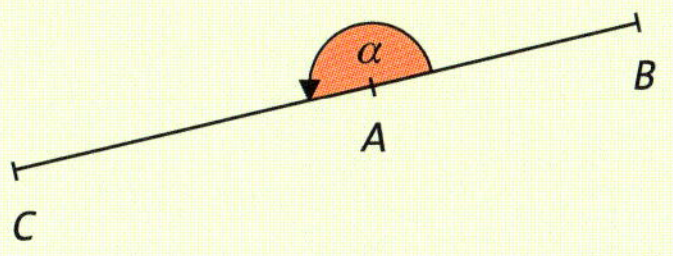

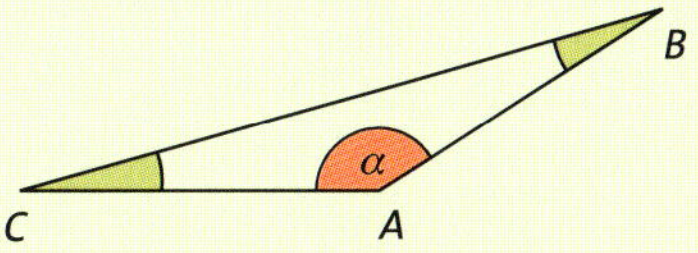

b) Höchstens ein Innenwinkel darf 90° betragen. Wäre ein zweiter gleich oder größer als 90°, so würden sich die freien Schenkel nicht schneiden und kein Dreieck bilden.
Wenn ein Innenwinkel 90° beträgt, so müssen die beiden anderen spitz sein.

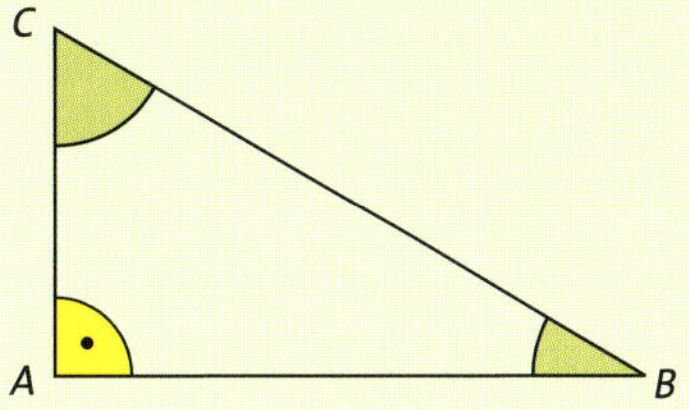

c) Es können alle drei Winkel spitz sein.

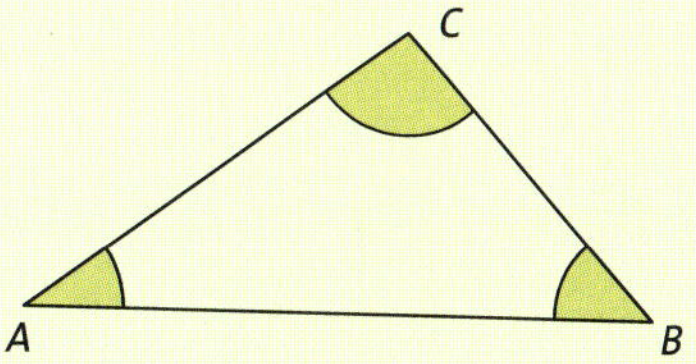

Außenwinkel

Wir verlängern die Dreiecksseiten über die Eckpunkte hinaus.
Der Nebenwinkel eines Innenwinkels heißt Außenwinkel des Dreiecks.

Es gilt stets: $\alpha + \alpha_1 = 180°$;
$\beta + \beta_1 = 180°$;
$\gamma + \gamma_1 = 180°$.

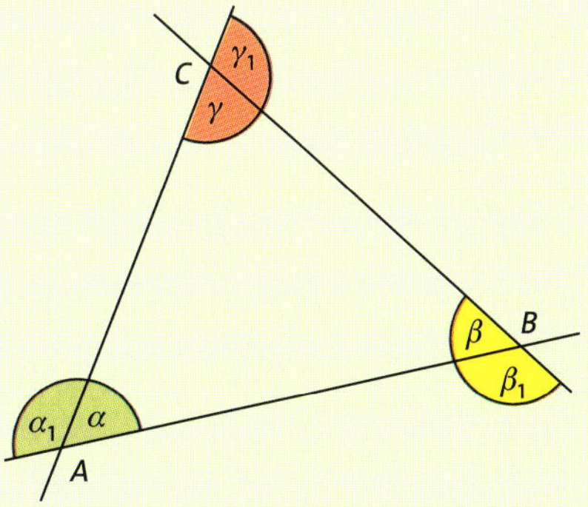

Am Punkt *A* des Dreiecks *ABC* erkennen wir z. B., dass jeder Innenwinkel zwei Nebenwinkel hat. Sie sind Scheitelwinkel und daher gleich groß. Beide Nebenwinkel können als Außenwinkel angesehen werden.

- Beziehungen zwischen Innenwinkeln

Im Abschnitt 2 (S. 67 ff.) haben wir schon gesehen:

> Für jedes Dreieck gilt: Die Summe der Innenwinkel beträgt 180°.

Diese Beziehung bezeichnet man als **Innenwinkelsatz** für Dreiecke.

- Beziehungen zwischen Außenwinkeln

Im Abschnitt 2 (S.67 ff.) haben wir schon gesehen:

> Für jedes Dreieck gilt: Die Summe der Außenwinkel beträgt 360°.

Diese Beziehung bezeichnet man als **Außenwinkelsatz** für Dreiecke.

Beziehungen zwischen Innen- und Außenwinkeln

Aus dem Zusammenhang von Innen- und Außenwinkeln können wir noch eine Beziehung herauslesen. Bekanntlich wird ein Innenwinkel durch den zugehörigen Außenwinkel zu 180° ergänzt. Andererseits wird ein Innenwinkel auch durch die beiden anderen Innenwinkel zu 180° ergänzt.

Es gilt: $\alpha + \alpha_1 = 180°$;

$\alpha + (\beta + \gamma) = 180°$.

Daraus folgt: $\alpha_1 = \beta + \gamma$.

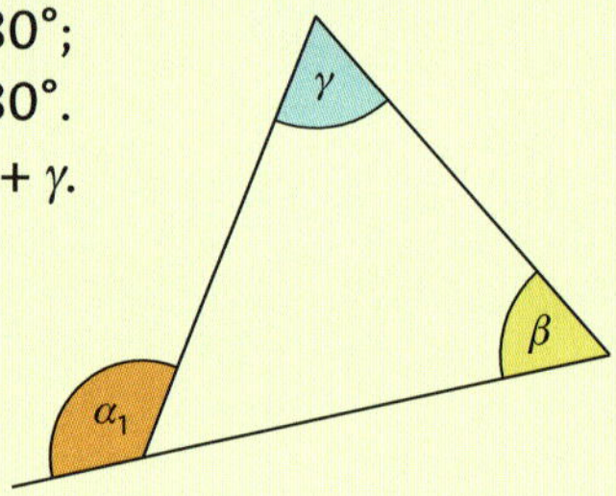

> Jeder Außenwinkel ist gleich der Summe der nicht anliegenden Innenwinkel.

Übung 2

Wenn du deine Kenntnisse über Winkel im Dreieck anwendest, kannst du die Lücken in der Tabelle ausfüllen. α, β, γ seien Innenwinkel und $\alpha_1, \beta_1, \gamma_1$ die Außenwinkel eines Dreiecks.

	a)	b)	c)	d)	e)	f)	g)	h)	i)	k)
α	45°					50°		10°	100°	
β	75°	20°				60°	70°			72°
γ			70°		90°		80°		90°	
α_1		60°		120°			120°			108°
β_1			110°	120°	120°					
γ_1								30°		

Übung 3

$\alpha = 30°$. Berechne β.

a)

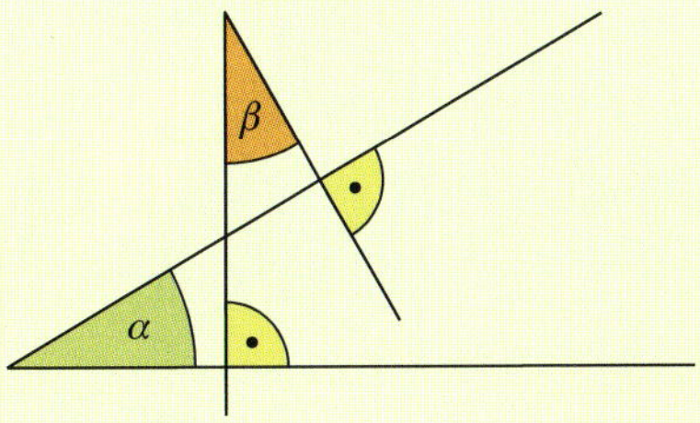

b)

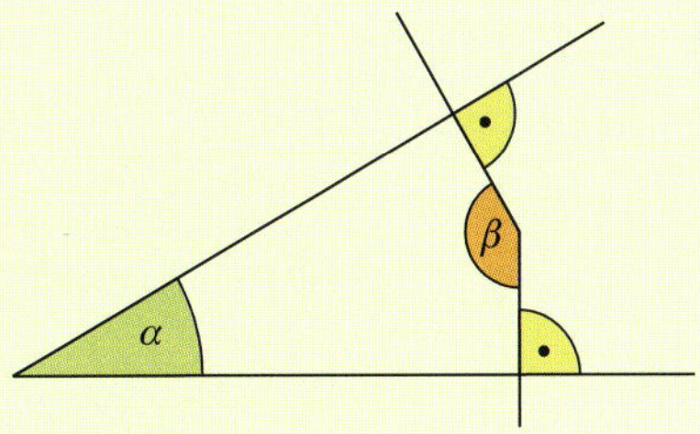

Übung 4

$\alpha = 31{,}5°$.
Berechne die übrigen Winkel.

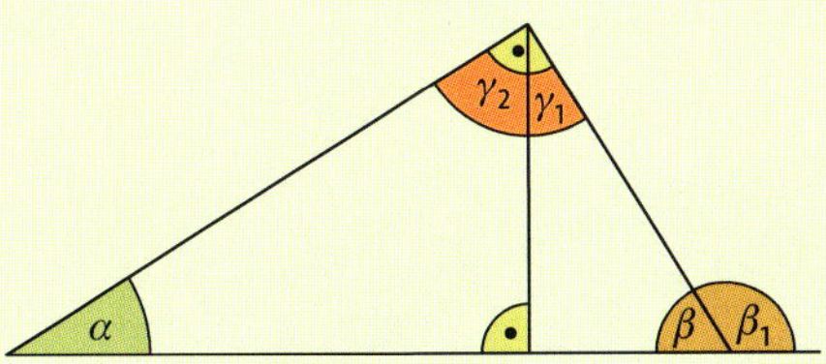

Übung 5

$\alpha = 54°$, $\varphi = 103°$.
Berechne die übrigen Winkel.

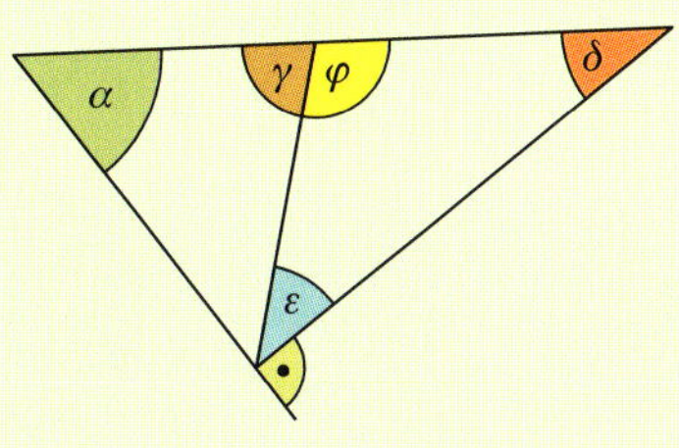

Kongruenz

1 Kongruenzabbildungen

Im Übungsbuch der 6. Klasse haben wir bereits folgende Abbildungen behandelt:

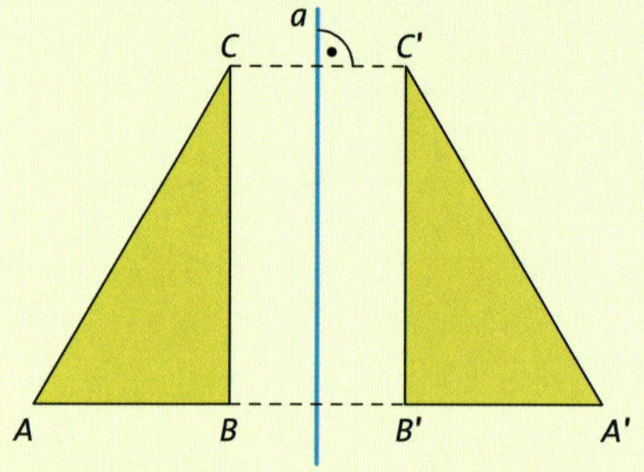

Achsenspiegelung an der Achse *a*

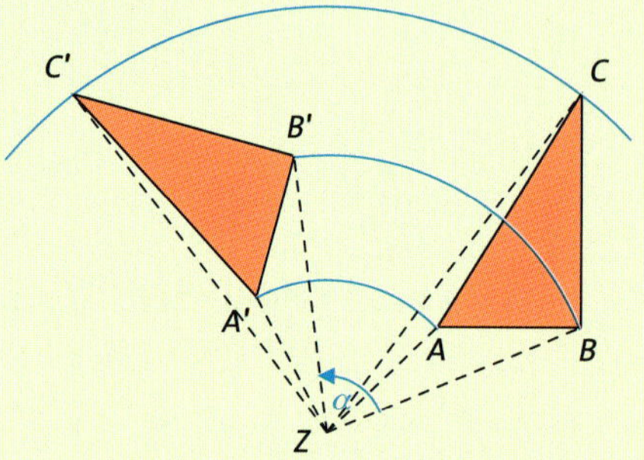

Drehung um *Z* mit dem Drehwinkel α

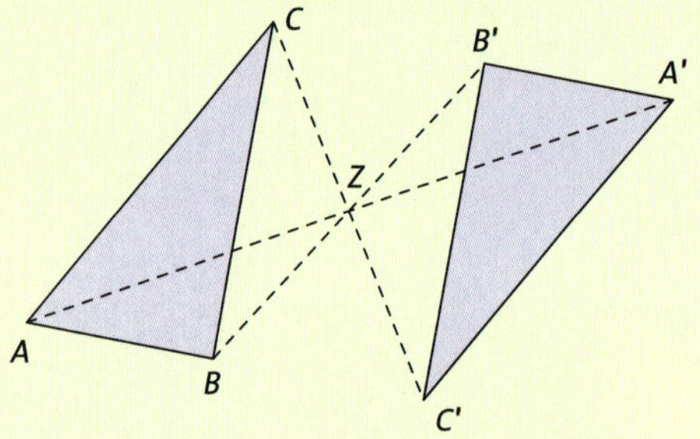

Punktspiegelung an *Z*
(= Drehung um 180°)

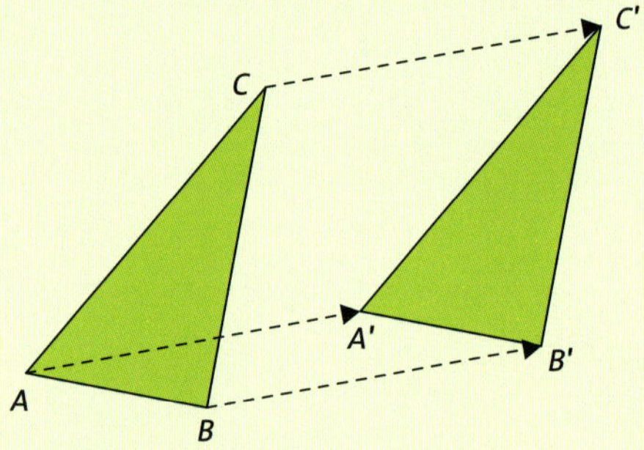

Verschiebung mit
Verschiebungspfeil

Eine Drehung und eine Verschiebung lässt sich sogar durch eine **Mehrfachspiegelung** bzw. durch eine **Verkettung von Spiegelungen** darstellen.

Beispielaufgabe

Die Strecke $\overline{AB}$ wird nacheinander an a_1 und a_2 gespiegelt.

1. Variante

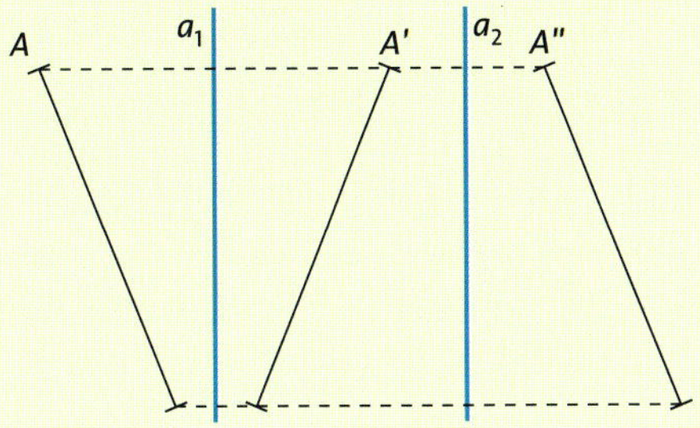

2. Variante

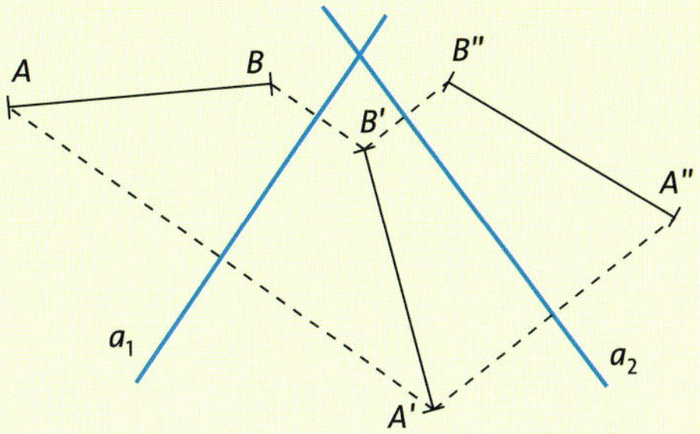

Durch die Verkettung zweier Spiegelungen an parallelen Spiegelungsachsen ergibt sich eine Verschiebung senkrecht zu den Achsen.
Durch die Verkettung zweier Spiegelungen an sich schneidenden Spiegelungsachsen ergibt sich eine Drehung um den Schnittpunkt der Spiegelungsachsen.

Wenn wir die Originalfigur mit der Bildfigur bei diesen Abbildungen vergleichen, stellen wir fest:

- Sie sind nicht gleich, denn ihre Lage (manchmal auch ihr Umlaufsinn) hat sich geändert.
- Sie haben gleiche Seiten und gleiche Winkel.
  Diese Art der Verwandtschaft zweier Figuren nennt man **Kongruenz**.

Zwei Figuren heißen kongruent, wenn sie durch eine Einfachspiegelung oder durch eine Mehrfachspiegelung aufeinander abgebildet werden können.
Jede solche Abbildung (Achsenspiegelung, Drehung, Punktspiegelung, Verschiebung) nennt man **Kongruenzabbildung**.

Eine anschauliche Vorstellung von Kongruenz kannst du erhalten:

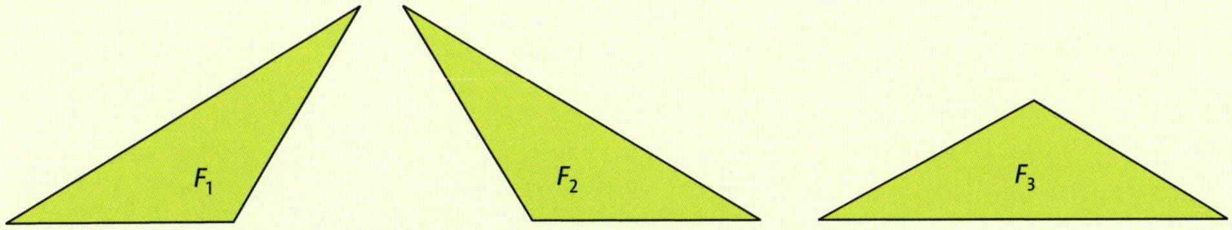

Diese drei kongruenten Figuren könntest du durch Ausschneiden und Übereinanderlegen zur Deckung bringen. Man sagt daher statt „kongruent“ auch „deckungsgleich“.
Schreibweise: $F_1 \cong F_2$ (lies: F_1 ist kongruent zu F_2)

Jetzt weißt du, wie du zu einem gegebenen Dreieck ein kongruentes (deckungsgleiches) Dreieck konstruieren kannst. Durch Verschiebung, Drehung und Spiegelung entstehen Bilder, die zur Ausgangsfigur kongruent sind. Du kannst auch mehrere solcher Abbildungen hintereinander ausführen.

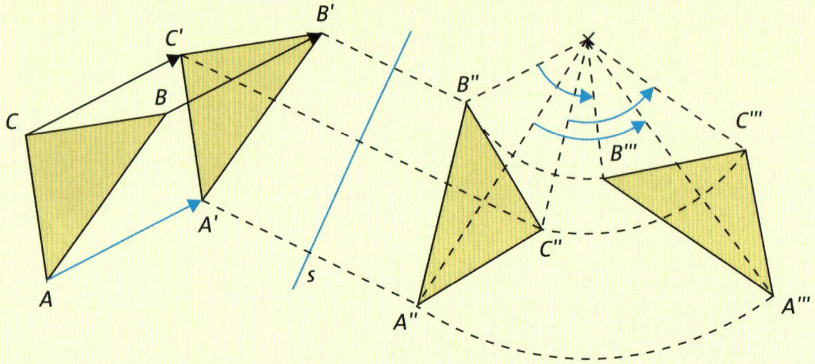

Hier wurde zuerst verschoben, dann gespiegelt und schließlich gedreht. Da bei jeder Abbildung die Kongruenz erhalten bleibt, gilt: $\triangle ABC \cong \triangle A'''B'''C'''$.

Beispielaufgaben

a) Verschiebung

Zeichne ein Dreieck mit den Eckpunkten $A\,(4;1)$, $B\,(3;5)$, $C\,(1;2)$.
Der Verschiebungspfeil v ist durch die Koordinaten von Anfangs- und Endpunkt gegeben. v: $P\,(6;1)$, $Q\,(10;3)$.

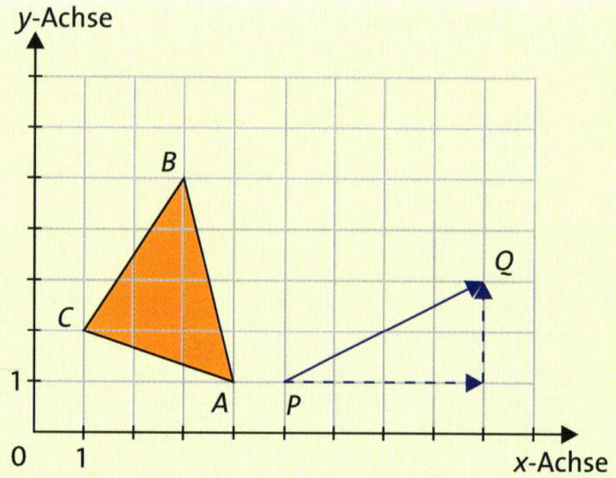

Vom Ausgangspunkt P zum Endpunkt Q von v gelangt man, indem man 4 Kästchenlängen nach rechts und 2 nach oben geht (gestrichelte Pfeile). Zu jedem Bildpunkt gelangst du, indem du jeweils vom Originalpunkt aus 4 Kästchenlängen nach rechts und 2 nach oben gehst.

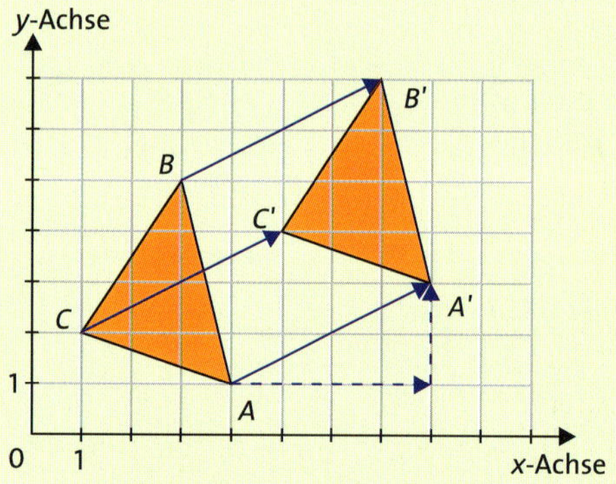

b) Drehung

Zeichne ein beliebiges Dreieck *ABC* und einen Punkt *D*. Zu konstruieren ist das Bilddreieck *A′B′C′* bei einer Drehung um den Punkt *D* um $\delta = 60°$ entgegen dem Uhrzeigersinn. Konstruiere das Bild punktweise.

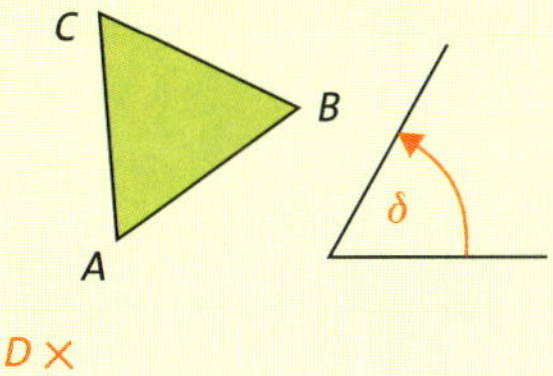

Verbinde *A* mit *D*. An die Strecke *DA* trägst du in *D* den Drehwinkel δ an. Auf dem freien Schenkel trägst du von *D* aus die Entfernung $\overline{DA}$ ab. *A′* ist der Bildpunkt von *A* bei der gegebenen Drehung.

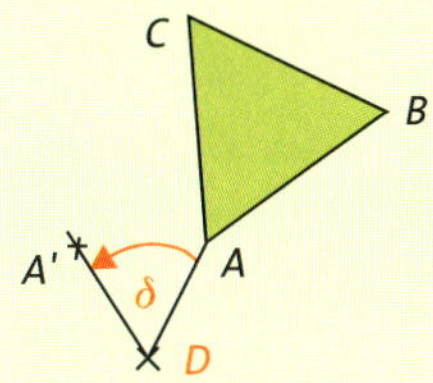

In gleicher Weise konstruierst du die Bildpunkte *B′* und *C′*.
Verbinde *A′*, *B′* und *C′*.
△ *A′B′C′* ist das gesuchte Dreieck.

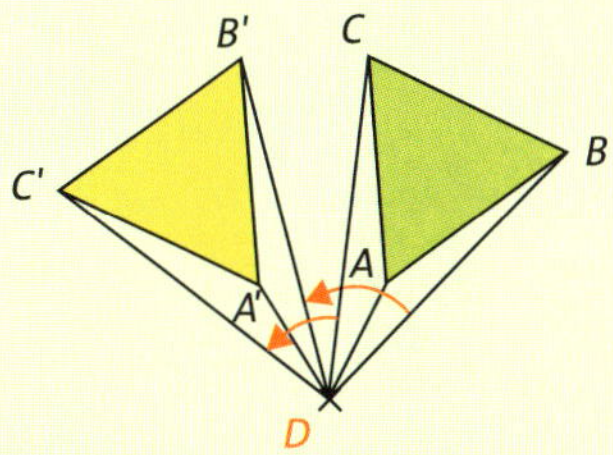

c) Achsenspiegelung

Zeichne ein Dreieck *ABC* und eine Spiegelachse *s*. Von *A* wird das Lot auf die Spiegelachse *s* gefällt. *P* ist der Fußpunkt des Lotes. $\overline{AP}$ wird über *P* hinaus verlängert. Von *P* aus wird darauf $\overline{AP}$ abgetragen. Du erhältst *A′*.
In gleicher Weise werden die Bildpunkte *B′* und *C′* konstruiert.
△ *A′B′C′* ist das gesuchte Dreieck.
Es gilt: △ *ABC* ≅ △ *A′B′C′* .
Diese Strecken sind gleich lang:
$\overline{AP} = \overline{PA'}$
$\overline{BQ} = \overline{QB'}$
$\overline{CR} = \overline{RC'}$

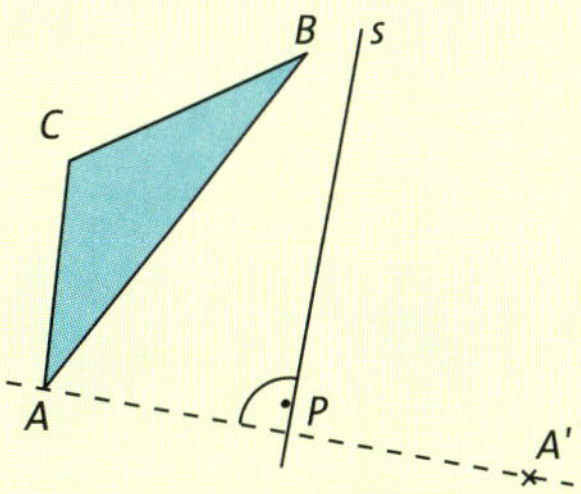

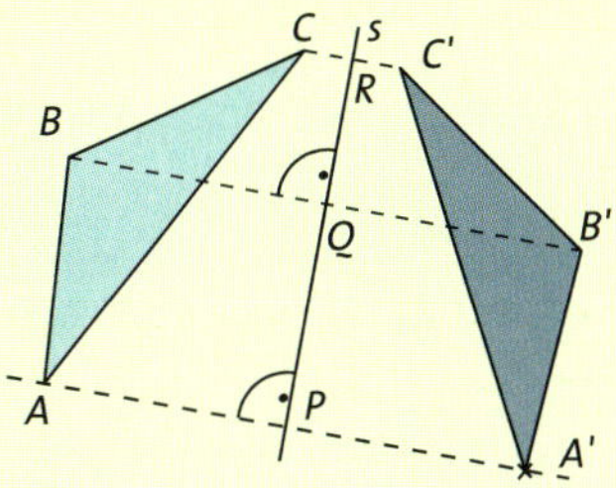

Übung 1

Zeichne ein Dreieck *ABC* mit *A* (1; 1), *B* (5; 1), *C* (4; 3). Bilde dieses Dreieck durch

a) eine Achsenspiegelung an der *x*-Achse ab;
b) eine Drehung um den Ursprung mit Drehwinkel 90° ab;
c) eine Punktspiegelung am Ursprung ab;

d) eine Verschiebung mit der Verschiebungsrichtung eine Einheit nach rechts und vier Einheiten nach unten ab.

Zeichne die Bilddreiecke in verschiedenen Farben. Sind die Bilddreiecke zueinander kongruent?

Übung 2

Gegeben sind jeweils ein Dreieck durch seine Punktkoordinaten im Koordinatensystem und eine Verschiebung *v* durch die Koordinaten des Anfangs- und des Endpunktes. Konstruiere das jeweilige Bilddreieck. Welche Koordinaten haben die Bilddreiecke?

a) *ABC*: *A* (2; 2), *B* (5; 5), *C* (2; 7); *v*: *P* (2; 9), *Q* (8; 9)

b) *ABC*: *A* (3; 7), *B* (7; 5); *C* (6; 9); *v*: *P* (9; 5), *Q* (7; 1)

Übung 3

Gegeben ist ein Dreieck im Koordinatensystem mit den Eckpunkten *A* (10; 2), *B* (11; 7), *C* (7; 5). Der Drehpunkt sei *D* (6; 1). Der Drehwinkel δ beträgt 90°. Konstruiere das Bilddreieck *A'B'C'*. Kannst du die Bildpunkte durch Abzählen finden?

Übung 4

In einem Koordinatensystem sind Dreiecke durch ihre Eckpunktkoordinaten gegeben. Die Symmetrieachsen *s* sind jeweils durch zwei Punkte *P* und *Q* bestimmt.

Konstruiere zu den gegebenen Dreiecken jeweils das Bilddreieck bei der Spiegelung an der Geraden *s*.

a) *ABC*: *A* (1; 3), *B* (5; 1), *C* (5; 5) *s*: *P* (6; 0), *Q*(6; 6)

b) *ABC*: *A* (2; 2), *B* (10; 2), *C* (9; 4) *s*: *P* (0; 5), *Q*(11; 5)

Übung 5

Welche Dreiecke sind zueinander kongruent?

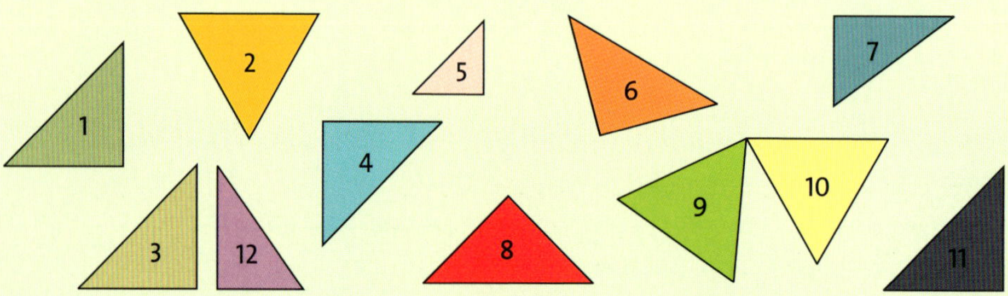

Symmetrie

Eine Figur, die durch eine Kongruenzabbildung auf sich abgebildet wird, heißt symmetrisch.

Insbesondere heißt eine Figur, die durch eine Achsenspiegelung auf sich abgebildet wird, **achsensymmetrisch**.
Eine Figur, die durch eine Punktspiegelung auf sich abgebildet wird, heißt **punktsymmetrisch**.

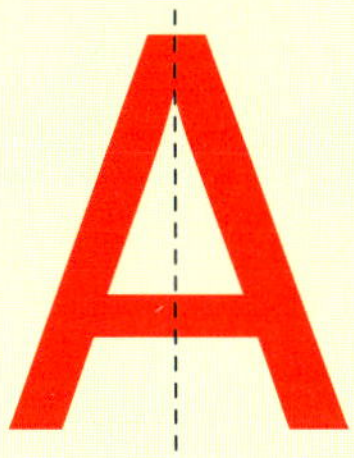

achsensymmetrische Figur

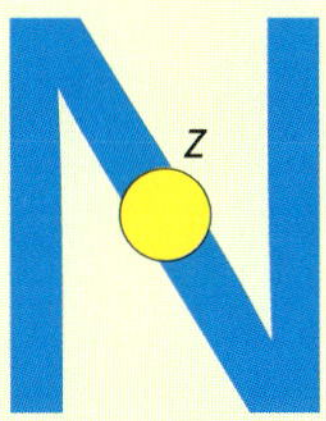

punktsymmetrische Figur

Übung 6

Welche Figuren sind achsen- oder punktsymmetrisch (oder beides)?
Trage Symmetrieachsen und Symmetriezentrum ein, falls vorhanden.

Übung 7

Durch welche Drehwinkel wird ein Quadrat bei einer Drehung um seinen Mittelpunkt auf sich abgebildet? Gib alle Winkel zwischen 0° und 360° an.

2 Kongruenzsätze

Zwei kongruente Dreiecke stimmen in allen Seiten und Winkeln überein.
Die Umkehrung davon stimmt auch: Wenn zwei Dreiecke in allen Seiten und Winkeln übereinstimmen, dann sind sie kongruent.

Kann man dies mit Sicherheit auch schon dann sagen, wenn weniger Stücke (Seiten, Winkel) als übereinstimmend bekannt sind?
Sind zwei Dreiecke schon kongruent, wenn sie in 3 Winkeln übereinstimmen?

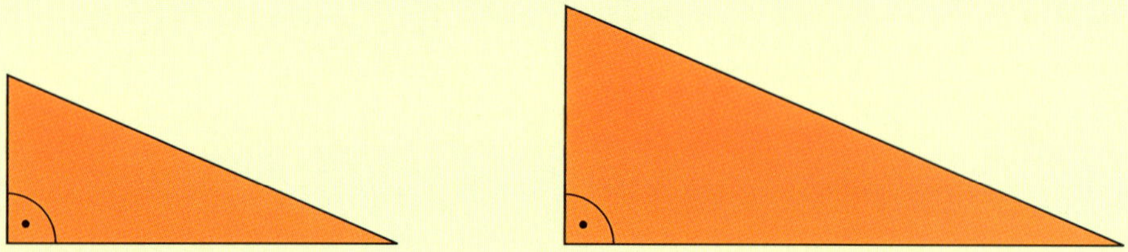

Diese beiden Dreiecke haben zwar gleiche Winkel, lassen sich aber durch keine Kongruenzabbildung aufeinander abbilden, sind also nicht kongruent.
Die Antwort heißt: nein.

Die Sätze, mit denen du die Kongruenz von Dreiecken nachweisen kannst, heißen **Kongruenzsätze**.
Du brauchst nicht erst zu konstruieren oder alle Stücke zu messen.
Die **Übereinstimmung** in jeweils **drei** Stücken genügt.
Welche Stücke sind das?

Zwei Dreiecke sind zueinander kongruent, wenn sie übereinstimmen in:

- 3 Seiten

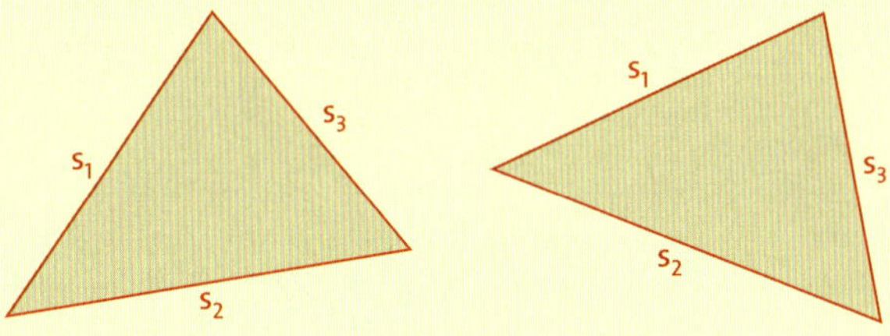

sss

So kannst du sie dir merken.

Ssw

- 2 Seiten und dem der größeren Seite gegenüberliegenden Winkel

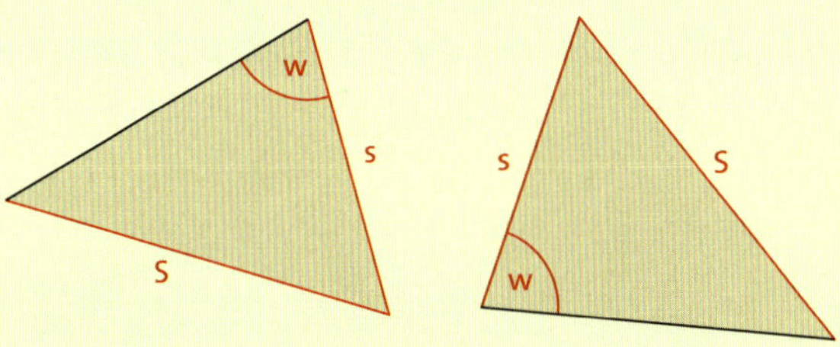

- 2 Seiten und dem eingeschlossenen Winkel

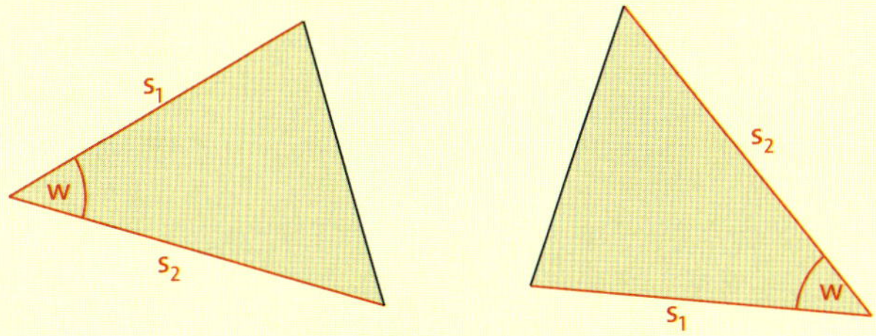

- 1 Seite und den 2 anliegenden Winkeln

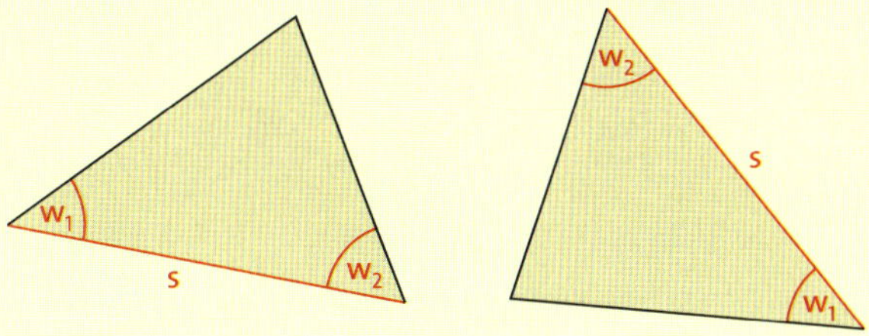

sws

So kannst du sie dir merken.

wsw

Mit *s* ist die dem Winkel *w* benachbarte kleinere Seite, mit *S* die dem Winkel gegenüberliegende größere Seite bezeichnet.

Im zweiten genannten Kongruenzsatz ist die Lage des Winkels entscheidend. Liegt der Winkel der kleineren bekannten Seite gegenüber, so müssen die Dreiecke nicht unbedingt kongruent sein.
Hier siehst du zwei Dreiecke, die nicht kongruent sind. Sie stimmen in zwei Seiten und dem der kleineren Seite gegenüberliegenden Winkel überein.

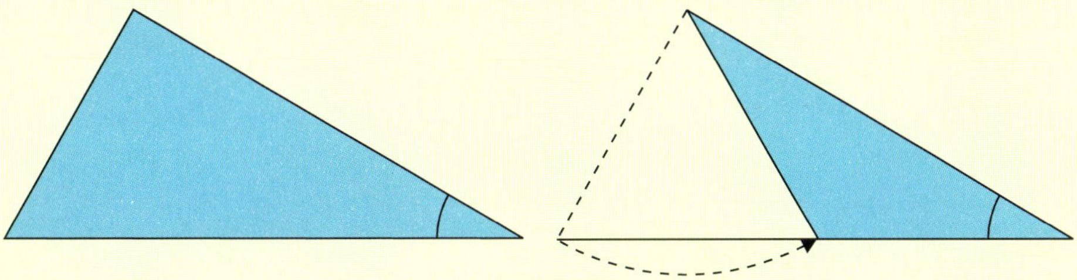

Drei Stücke genügen nicht. Wenn drei Winkel gegeben sind, lassen sich ebenfalls verschiedene Dreiecke konstruieren, die nicht kongruent sind. Es müssen also die richtigen drei Stücke sein.

Übung 1

Im Parallelogramm *ABCD* (s. S. 80) sind durch das Einzeichnen der beiden Diagonalen mehrere Dreiecke entstanden.

Wie viele Dreiecke siehst du?
Benenne sie mit Hilfe der Punkte.
Welche sind zueinander kongruent?
Was vermutest du?

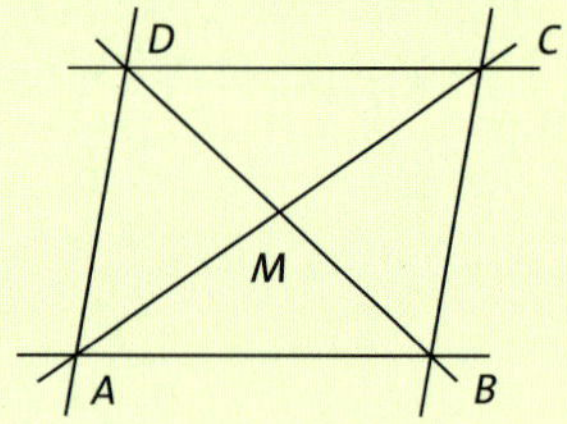

Beispielsweise sind vermutlich die Dreiecke *ABM* und *MCD* kongruent.
So weist man die Kongruenz dieser Dreiecke nach:
Im Parallelogramm sind Gegenseiten gleich lang.
Also gilt: $\overline{AB} = \overline{CD}$.
Im Parallelogramm sind Gegenseiten zueinander parallel. Sie werden von den Diagonalen geschnitten.
Also gilt: $\sphericalangle BAM = \sphericalangle DCM$, denn es sind Wechselwinkel an geschnittenen Parallelen.
Ebenso gilt: $\sphericalangle MBA = \sphericalangle MDC$.

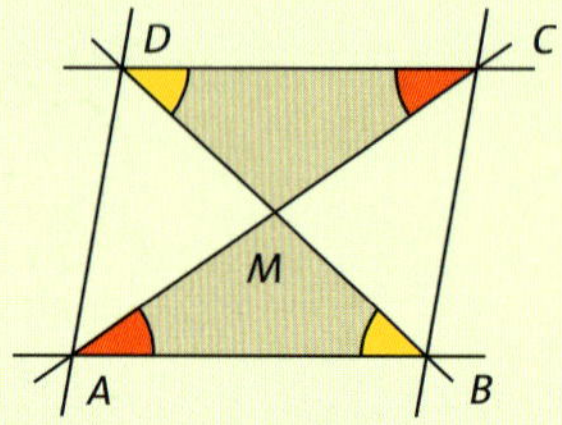

Damit stimmen beide Dreiecke in einer Seite und den anliegenden Winkeln überein. Nach Kongruenzsatz wsw gilt somit: $\triangle ABM \cong \triangle MCD$.
w.z.b.w. (bedeutet: „was zu beweisen war")

Übung 2

Gibt es noch andere Paare kongruenter Dreiecke in unserer Figur?

Übung 3

Von zwei Dreiecken *ABC* und $A_1B_1C_1$ sei Folgendes bekannt:

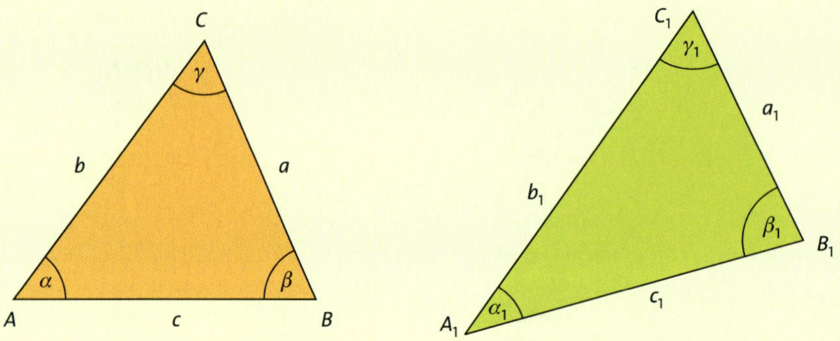

a) $\overline{BC} = \overline{A_1B_1}$; $\alpha = \alpha_1$; $\gamma = \beta_1$
b) $\overline{AB} = \overline{A_1B_1}$; $\overline{BC} = \overline{B_1C_1}$; $\alpha = \alpha_1 = 120°$
c) $\overline{AC} = \overline{A_1C_1}$; $\overline{BC} = \overline{B_1C_1}$; $\beta = \beta_1$
d) $b = a_1$; $a = b_1$; $c = c_1$
e) $b = a_1$; $c = b_1$; $\alpha = \gamma_1$
f) $a = c_1$; $\gamma = \beta_1$; $\beta = \alpha_1$

In welchen der aufgeführten Fälle sind die beiden Dreiecke kongruent?
Gib an, welcher Kongruenzsatz zutrifft.

Dreiecke

1 Allgemeine Dreiecke

An dieser Figur siehst du noch einmal die üblichen Bezeichnungen bei einem Dreieck.
Die Bezeichnung der Eckpunkte erfolgt entgegen des Uhrzeigersinns. Winkel im Dreieck haben wir schon auf Seite 68 ff. behandelt. Die wichtigste Erkenntnis war:

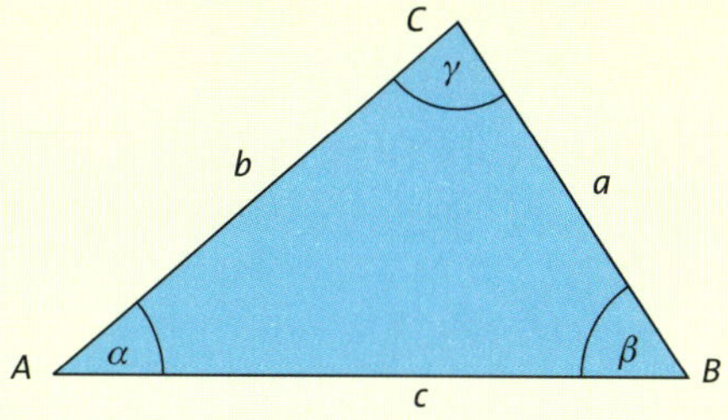

$\alpha + \beta + \gamma = 180°$ (Innenwinkelsatz)

Kann man auch über die Seitenlängen bei einem Dreieck eine Aussage machen? Natürlich kann man ein Dreieck beliebig groß machen. Für die Summe der Seitenlängen gibt es keine Vorschrift wie bei den Winkeln. Sind die Seitenlängen ganz beliebig?

Mach folgenden Versuch: Drittele ein Streichholz. Versuche, aus einem ganzen Streichholz und zwei Streichholzdritteln ein Dreieck zu legen. Es geht nicht! Die Summe der Längen zweier Dreiecksseiten muss größer als die Länge der dritten Seite sein.

Für jedes Dreieck *ABC* gilt die Dreiecksungleichung:
$a + b > c$ oder
$a + c > b$ oder
$b + c > a$.

Übung 1

Stelle fest, ob man aus den drei Stäbchen (Längenangaben in cm) ein Dreieck legen kann.

	a)	b)	c)	d)	e)	f)
1. Stäbchen	4	1	3	4	3	3
2. Stäbchen	5	2	3	4	2	4
3. Stäbchen	7	3	5	4	6	5

Für den Zusammenhang zwischen den Seiten und den Winkeln eines Dreiecks gibt es folgenden wichtigen Lehrsatz, der hier ohne Beweis angeführt wird:

! In jedem Dreieck liegt der größeren Seite auch der größere Winkel gegenüber, und umgekehrt.

Beispielaufgaben

a)

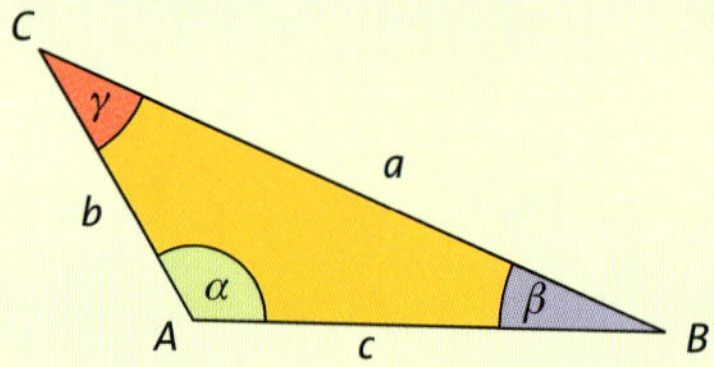

$\beta < \gamma < \alpha \Leftrightarrow b < c < a$

b)

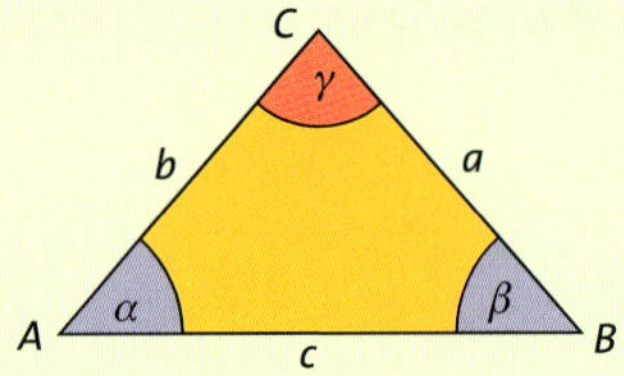

$\gamma > \alpha = \beta \Leftrightarrow c > a = b$

Übung 2

Warum kann mit den folgenden Stücken kein Dreieck konstruiert werden?

a) $a = 3$ cm; $b = 5$ cm; $\alpha = 100°$

b) $a = 4$ cm; $b = 6$ cm; $c = 11$ cm

c) $c = 6$ cm; $\alpha = 70°$; $\beta = 115°$

2 Dreiecksarten

Je nach Größe der Seiten und der Winkel lassen sich Dreiecke in Arten untergliedern. Bei manchen Dreiecksarten haben bestimmte Stücke einen besonderen Namen. Vergleicht man die *Seitenlängen* verschiedener Dreiecke, so findet man Dreiecke mit:

3 verschieden langen Seiten

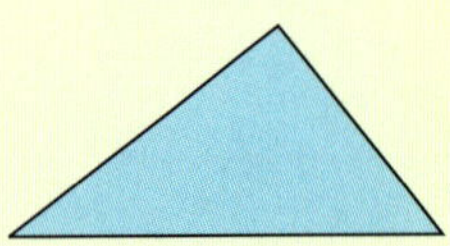

unregelmäßiges Dreieck

2 gleich langen Seiten

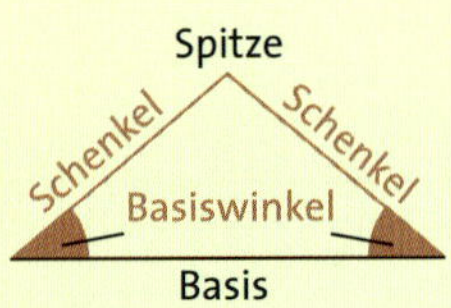

gleichschenkliges Dreieck

3 gleich langen Seiten

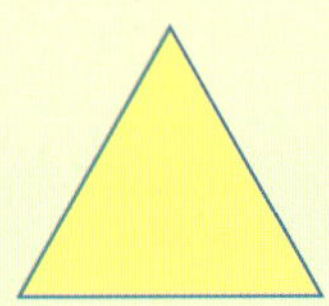

gleichseitiges Dreieck

Vergleicht man die *Winkel* verschiedener Dreiecke, so findet man Dreiecke mit:

einem stumpfen Winkel	einem rechten Winkel	drei spitzen Winkeln
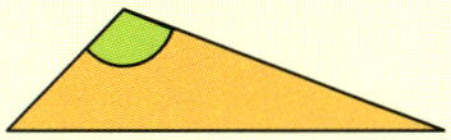	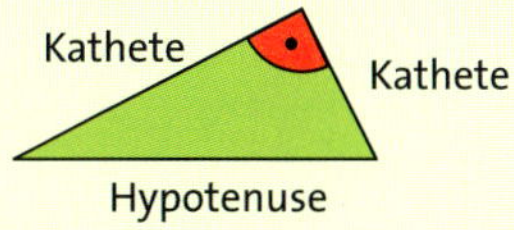	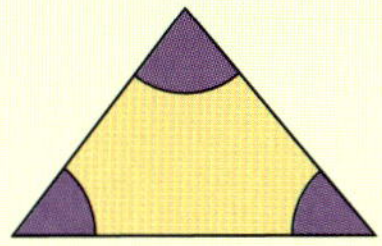
stumpfwinkliges Dreieck	**rechtwinkliges** Dreieck	**spitzwinkliges** Dreieck

Alle Dreiecksarten auf einen Blick:

	unregelmäßig	gleichschenklig	gleichseitig
spitz-winklig	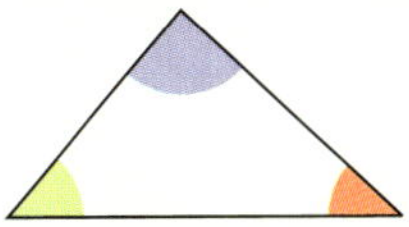	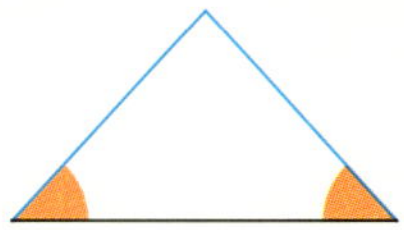	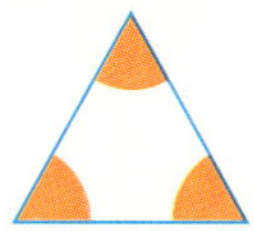
recht-winklig	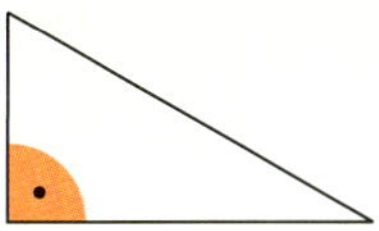	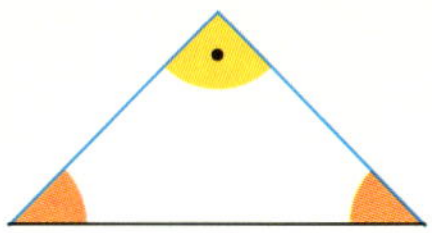	
stumpf-winklig	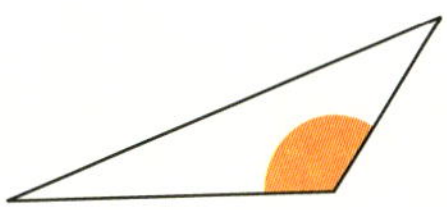	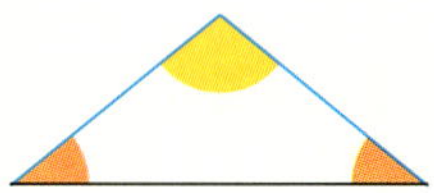	

Übung 1

a) Wie groß sind die Innenwinkel beim gleichseitigen Dreieck?
b) Warum bleiben zwei Felder leer?

Ein **gleichschenkliges Dreieck** hat eine Symmetrieachse, die das Dreieck in zwei kongruente Teildreiecke zerlegt.

$$\alpha = \beta$$
$$a = b$$
$$\triangle AFC = \triangle FBC$$

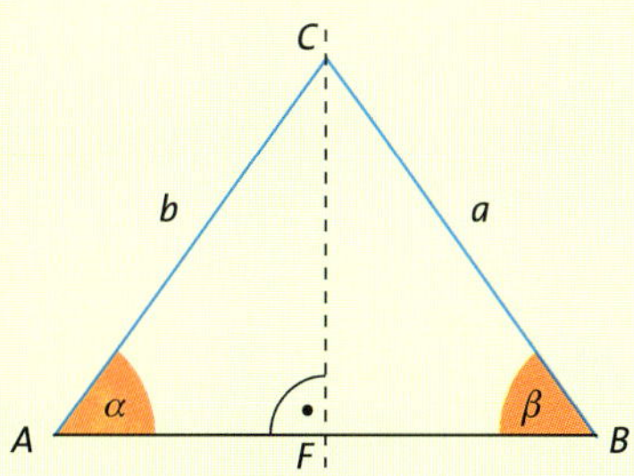

Ein **gleichseitiges Dreieck** als Sonderfall eines gleichschenkligen Dreiecks hat drei Symmetrieachsen. Jeder Winkel misst 60°.

Beim **rechtwinkligen Dreieck** gibt es folgende Besonderheit:

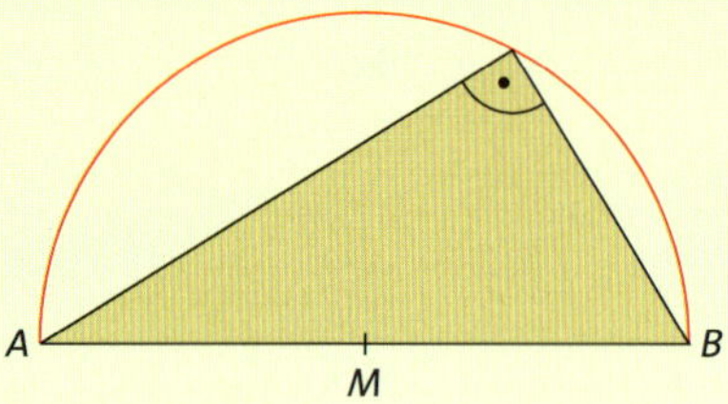

Die Ecken eines rechtwinkligen Dreiecks liegen auf dem Kreis, der die Hypotenuse als Durchmesser hat (Thaleskreis).

Übung 2

Bei einem gleichschenkligen Dreieck misst der Winkel an der Spitze 110°. Wie groß sind die Basiswinkel?

Übung 3

Zeichne mit Hilfe der Symmetrieachse ein gleichschenkliges Dreieck mit der Basis $\overline{AB}$ = 5 cm und α = 70°.

Übung 4

Zeichne mit Hilfe des Thaleskreises ein rechtwinkliges Dreieck mit der Hypotenuse $\overline{AB}$ = 5 cm und der Kathete $\overline{BC}$ = 3 cm.

Übung 5

Zeichne mit Hilfe des Thaleskreises ein rechtwinkliges Dreieck mit der Hypotenuse $\overline{BC}$ = 8 cm und β = 70°.

3 Konstruktion von Dreiecken

A Vorübungen

Einige einfache Konstruktionen kannst du schon ausführen. Du brauchst sie als „Bausteine“ für die Konstruktion von Dreiecken. Zur Sicherheit solltest du sie wiederholen.

Übung 1

Führe die folgenden einfachen Konstruktionen aus.

a) Gib zwei Punkte A und B vor! Zeichne eine Gerade g durch beide Punkte.

b) Zeichne zwei Geraden g und h, die einander in einem Winkel von $\alpha = 40°$ schneiden.

c) Zeichne einen Kreis mit dem Radius $r = 2{,}5$ cm.

d) Zeichne zwei Kreise, die einander schneiden. Wähle $r_1 = 2$ cm, $r_2 = 4$ cm. Was kannst du über den Abstand der Mittelpunkte beider Kreise aussagen?

e) Zeichne einen Kreis ($r = 2$ cm) und eine Gerade, die einander schneiden.

f) Zeichne eine Gerade g. Trage darauf von einem Punkt P aus eine Strecke von 4 cm ab.

g) Zeichne eine Gerade g. Trage in einem Punkt P einen Winkel von 60° an.

Übung 2

Bei den folgenden **Grundkonstruktionen** musst du die einfachen Konstruktionen aus Übung 1 bereits anwenden. Wenn du Unsicherheiten hast, findest du im Lösungsheft Erklärungen und die Konstruktionsbeschreibung.

a) Zeichne eine Strecke $\overline{AB} = 3{,}5$ cm. Konstruiere die Mittelsenkrechte dieser Strecke.

b) Zeichne eine Gerade g. Konstruiere in einem Punkt P auf der Geraden g die Senkrechte.

c) Zeichne eine Gerade g und außerhalb von g einen Punkt P. Fälle von P das Lot auf die Gerade g. (Das Lot steht senkrecht auf der Geraden.)

d) Zeichne einen Winkel von 70°. Konstruiere die Winkelhalbierende w.

e) Zeichne eine Gerade g und außerhalb von g einen Punkt P. Konstruiere die Parallele zu g durch P.

B Konstruktion von Dreiecken

Wie viele Stücke muss man kennen, um ein Dreieck eindeutig konstruieren zu können? Kann man z. B. ein Dreieck eindeutig konstruieren, wenn man die drei Winkel kennt?
Bei der Kongruenz von Dreiecken hatten wir eine ähnliche Fragestellung. Dreiecke müssen nicht kongruent sein, wenn sie in ihren Winkeln übereinstimmen, weil die Größe völlig unbestimmt ist. Ganz entsprechend lässt sich ein Dreieck mit den drei Winkeln nicht eindeutig konstruieren.

> Ein Dreieck lässt sich dann eindeutig konstruieren, wenn die gegebenen Stücke einem der Kongruenzsätze entsprechen (z. B. sws) und die Dreiecksungleichung gilt.

Wenn du Dreiecke konstruieren willst, musst du meist mehrere Elementar- oder Grundkonstruktionen anwenden (Übungen 1 und 2 oben). Damit du dein Ziel erreichst, solltest du möglichst die folgenden Schritte einhalten.

1. Aufgabenstellung
In der Regel werden drei Stücke eines Dreiecks vorgegeben, damit du es eindeutig konstruieren kannst, z.B.:
Konstruiere ein Dreieck aus $a = 4$ cm, $c = 5$ cm, $\beta = 40°$!

2. Vorüberlegung und Skizze
Anhand einer Skizze überlegst du nun, wie du das Dreieck konstruieren kannst. Achte bei der Skizze bereits darauf, dass sie ungefähr dem geforderten Dreieck entspricht. Wenn ein gleichschenkliges Dreieck konstruiert werden soll, so sollte auch die Skizze ungefähr ein gleichschenkliges Dreieck darstellen.
Trage gegebene Stücke in die Skizze farbig ein! Das hilft, den Lösungsweg besser zu finden.

3. Konstruktion
Achte beim Konstruieren auf intakte Zeichengeräte, auf Sauberkeit und Genauigkeit!

4. Konstruktionsbeschreibung
Notiere in knappen Sätzen den Lösungsweg. Du musst die Beschreibung so formulieren, dass ein anderer danach genau das Dreieck konstruieren kann.

5. Nachbetrachtung zur Lösbarkeit
Überlege, ob deine Lösung richtig ist und ob sie die einzige Lösung ist.

Beispielaufgabe

Konstruiere ein Dreieck *ABC* aus $c = 5$ cm, $\alpha = 75°$, $\beta = 30°$.
(Dies entspricht dem Punkt 1. Aufgabenstellung.)

2. Vorüberlegung und Skizze

Es sind eine Seite und die anliegenden Winkel gegeben. Die Summe der Winkel beträgt $\alpha + \beta = 105°$. Nach dem Satz über die Innenwinkelsumme im Dreieck muss der dritte Winkel 75° betragen. Es ist also ein spitzwinkliges Dreieck zu konstruieren. Das solltest du in der Skizze beachten. Markiere die gegebenen Stücke farbig.

Skizze

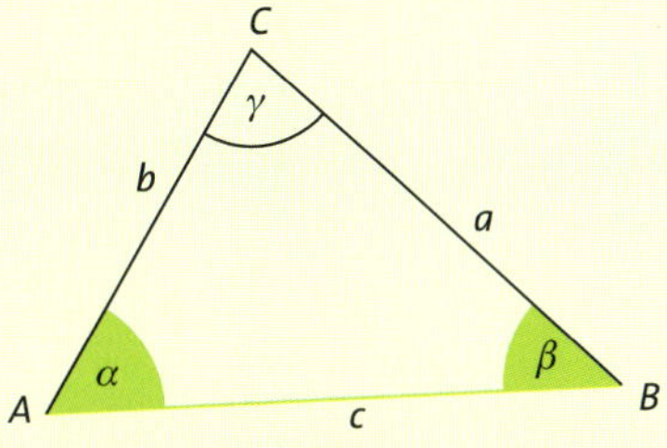

Die Seite *c* lässt sich sofort zeichnen. In ihren Endpunkten können die Winkel angetragen werden. Die freien Schenkel müssen sich im Eckpunkt *C* schneiden.

3. Konstruktion

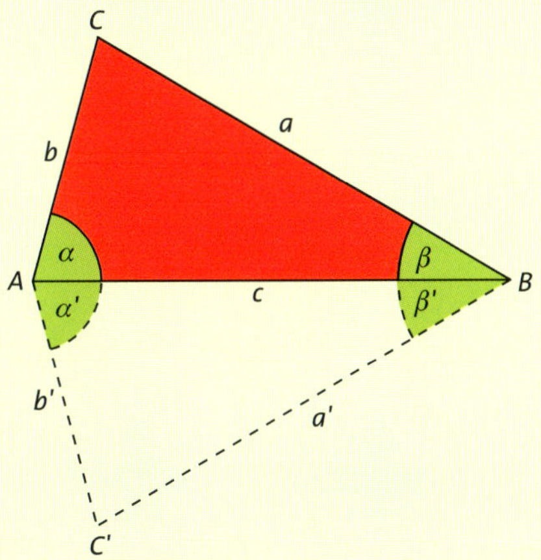

4. Konstruktionsbeschreibung

Zeichne die Seite $c = \overline{AB}$!
Trage in *A* den Winkel α an!
Trage in *B* den Winkel β an!
Verlängere die freien Schenkel von α und β bis zum Schnitt!
$\triangle$ *ABC* ist das gesuchte Dreieck.

5. Nachbetrachtung zur Lösbarkeit

Könnte man die Winkel auch auf der „anderen Seite" von *c* antragen?
So ließe sich noch ein weiteres Dreieck konstruieren, das die gleiche Gestalt hat. Es ist im Bild gestrichelt gezeichnet. Die Bezeichnung der Ecken, Seiten und Winkel verläuft dann im Uhrzeigersinn.
Da wir eine Bezeichnung gegen den Uhrzeigersinn vereinbart haben, wird diese zweite (zur ersten kongruente) Lösung normalerweise weggelassen.

Übung 3

Konstruiere Dreiecke, die in der üblichen Weise bezeichnet sind. Gegeben sind jeweils folgende Stücke:

a) $a = 4{,}0$ cm; $b = 5{,}0$ cm; $c = 6{,}0$ cm

b) $b = 3{,}0$ cm; $c = 8{,}0$ cm; $\alpha = 25°$

c) $c = 7{,}0$ cm; $\alpha = 30°$; $\beta = 100°$

d) $c = 6{,}5$ cm; $\beta = 55°$; $\gamma = 65°$

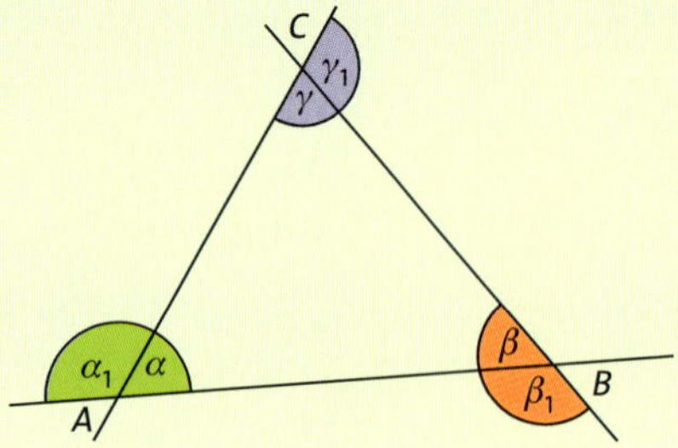

Übung 4

a) Konstruiere ein gleichschenkliges Dreieck aus $c = 3$ cm, $\alpha = 50°$.

b) Konstruiere ein gleichseitiges Dreieck aus $a = 3$ cm.

c) Konstruiere ein gleichschenklig-rechtwinkliges Dreieck aus Schenkel $b = 3{,}5$ cm.

Übung 5

Prüfe vor der Konstruktion, ob die Aufgaben lösbar sind.

a) $a = 2{,}0$ cm; $b = 5{,}0$ cm; $c = 3{,}0$ cm **b)** $c = 8{,}3$ cm; $\alpha = 90°$; $\gamma_1 = 90°$

Übung 6

Zu konstruieren sind Dreiecke mit folgenden Bezeichnungen:

a) $b = 4{,}7$ cm; $d = 3{,}8$ cm; $\varphi = 45°$

b) $b = 2{,}7$ cm; $r = 4{,}4$ cm; $d = 3{,}2$ cm

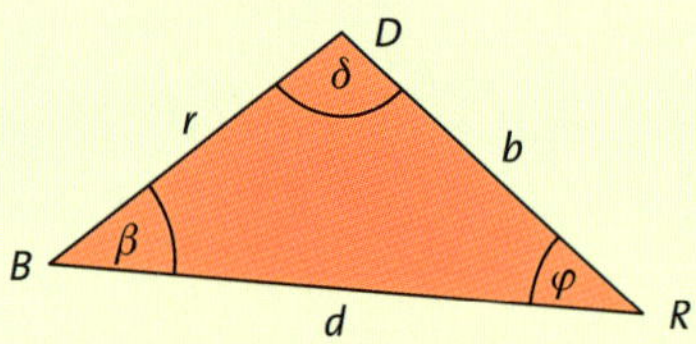

Übung 7

Zu konstruieren sind Dreiecke mit folgenden Bezeichnungen:

a) $\overline{GE} = 5$ cm; $\overline{EO} = 2$ cm; $\sphericalangle EOG = 110°$

b) $\overline{GE} = 4$ cm; $\overline{EO} = 8$ cm; $\overline{OG} = 3$ cm

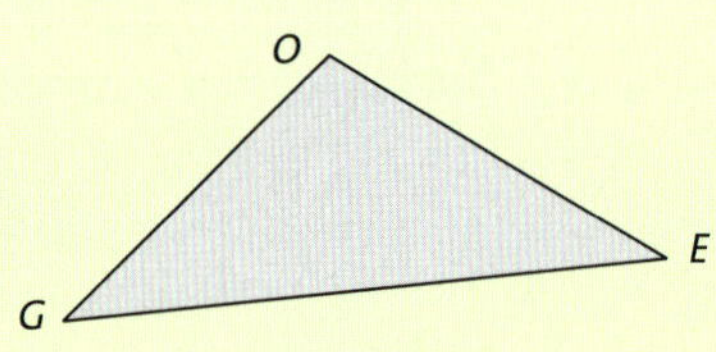

4 Besondere Linien im Dreieck

a)

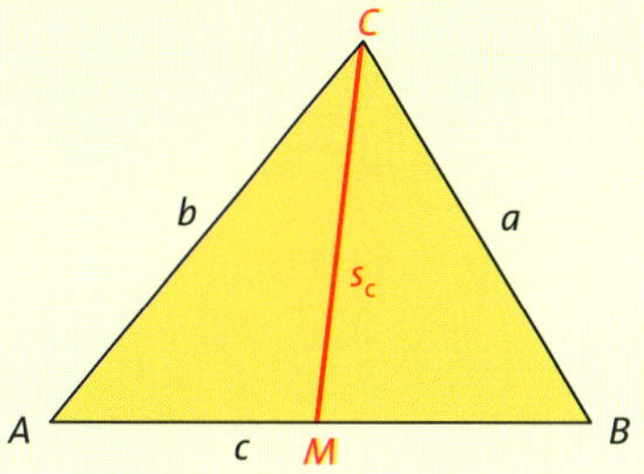

$\overline{AM} = \overline{MB}$

$s_c = \overline{CM}$

s_c heißt Seitenhalbierende der Seite c.

b)

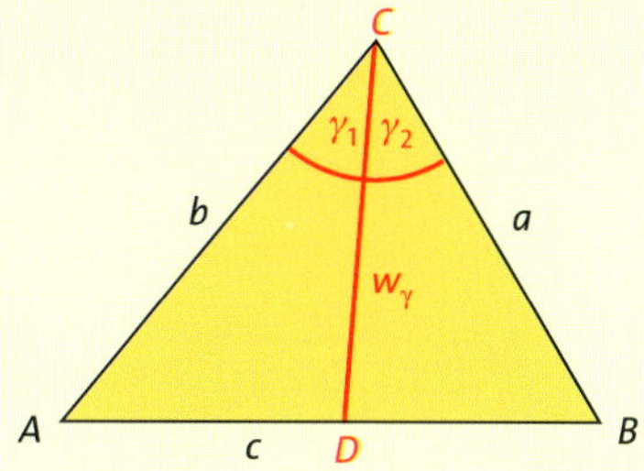

$\gamma_1 = \gamma_2$

$w_\gamma = \overline{CD}$

w_γ heißt Winkelhalbierende des Winkels γ.

c)

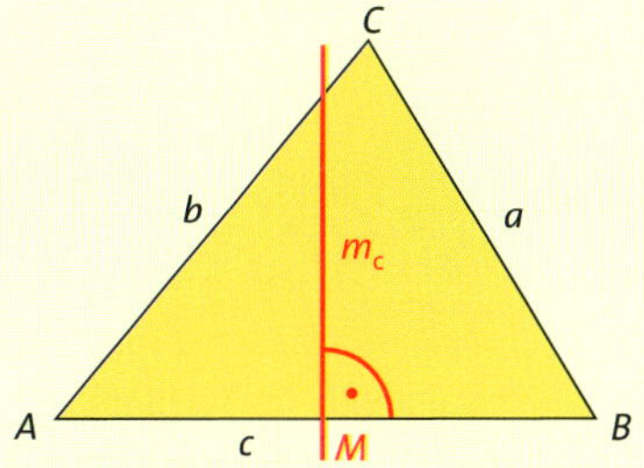

$\overline{AM} = \overline{MB}$

$m_c \perp \overline{AB}$

m_c heißt Mittelsenkrechte auf der Seite c.

d)

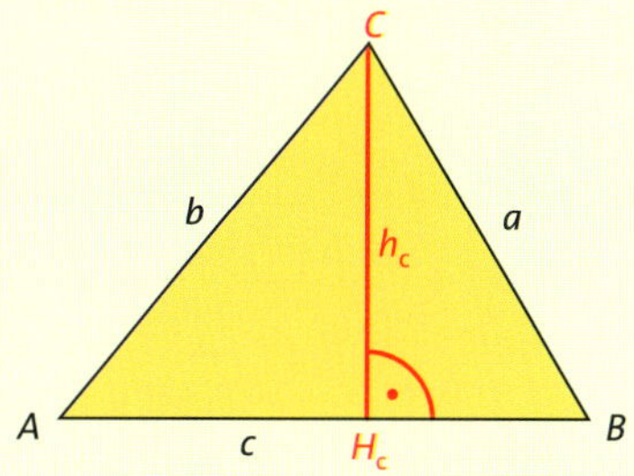

$\overline{CH_c} \perp \overline{AB}$

$h_c = \overline{CH_c}$

h_c heißt Höhe auf der Seite c.

Ein Dreieck hat drei Ecken, drei Seiten und drei Innenwinkel.
Also gibt es zu jedem Dreieck
- drei Seitenhalbierende,
- drei Mittelsenkrechten,
- drei Winkelhalbierende,
- drei Höhen.

A Seitenhalbierenden eines Dreiecks

Eine Seitenhalbierende eines Dreiecks verläuft von einem Eckpunkt zum Mittelpunkt der gegenüberliegenden Seite. Eine Seitenhalbierende ist eine **Strecke**. Den Mittelpunkt einer Seite finden wir mit Hilfe der Grundkonstruktion „Halbieren einer Strecke“.

$s_a = \overline{AM}$ heißt Seitenhalbierende der Seite *a*.

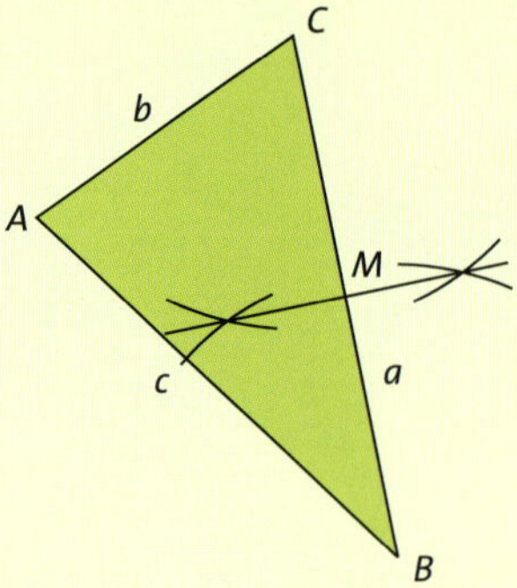

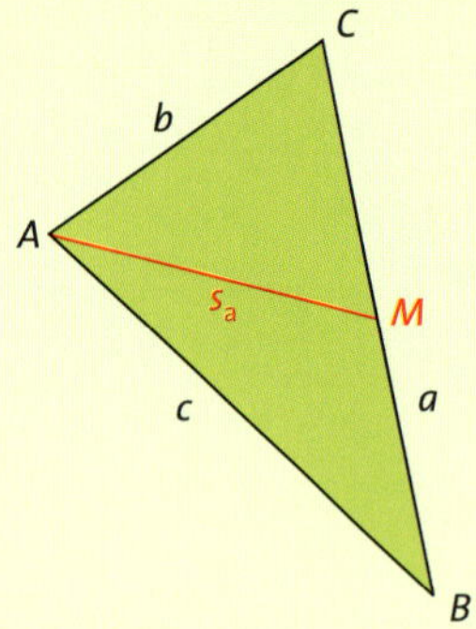

Übung 1

Konstruiere alle Seitenhalbierenden! Gegeben sind $a = 7{,}0$ cm; $b = 5{,}5$ cm und $c = 7{,}5$ cm. Wenn du sehr genau konstruierst, dann schneiden sich alle drei Seitenhalbierenden in einem Punkt.

Übung 2

Zeichne ein Dreieck aus $a = 12$ cm; $\alpha = 65°$; $\beta = 60°$ auf starken Karton und konstruiere alle Seitenhalbierenden.
Schneide das Dreieck aus und balanciere es im Schnittpunkt der Seitenhalbierenden. Unterstütze das Dreieck in dem Schnittpunkt am besten durch einen Bleistift mit der nicht angespitzten Seite. Du kannst es auch mit der Fingerspitze versuchen.

!

Der Punkt, in dem sich alle drei Seitenhalbierenden schneiden, ist der **Schwerpunkt** des Dreiecks.
Die Seitenhalbierenden heißen deshalb auch Schwerelinien.
Der Schwerpunkt liegt stets im Inneren des Dreiecks.

B Winkelhalbierenden im Dreieck

Die Konstruktion einer Winkelhalbierenden im Dreieck beruht auf der Grundkonstruktion „Halbierung eines Winkels“. Jeder Punkt der Winkelhalbierenden hat von den Schenkeln des Winkels den gleichen Abstand.
Wählt man den Abstand eines Punktes *P* der Winkelhalbierenden von den Schenkeln als Radius eines Kreises um *P*, so „passt“ dieser Kreis genau in den Winkel. Der Kreis berührt die Schenkel des Winkels von innen.

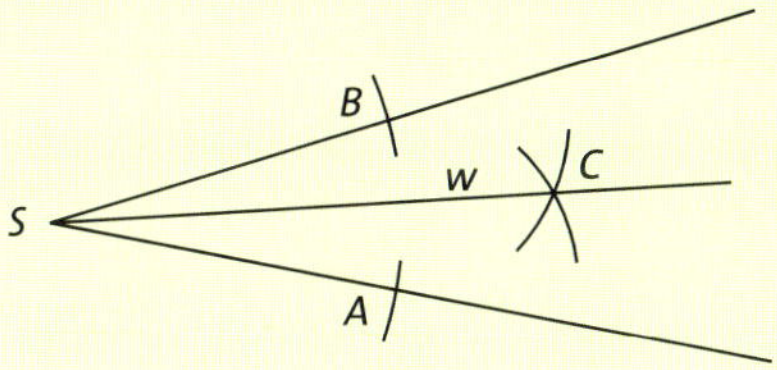

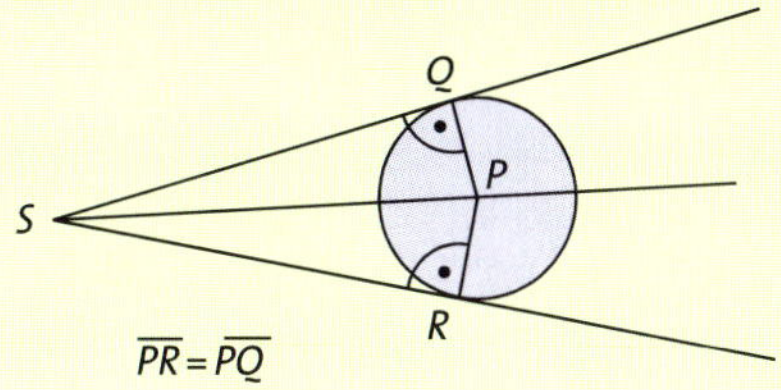

Übung 3

Zeichne ein Dreieck aus $a = 7$ cm; $b = 5$ cm; $c = 8$ cm und konstruiere die Winkelhalbierende des Winkels β.

Übung 4

Zeichne ein gleichschenkliges Dreieck mit $a = b = 7$ cm; $\gamma = 50°$ und konstruiere die Winkelhalbierende des Winkels an der Spitze des Dreiecks.

Übung 5

Konstruiere in den Dreiecken der Übungen 3 und 4 auch den Mittelpunkt der dem halbierten Winkel gegenüberliegenden Seite. Vergleiche jeweils die Lage des Schnittpunktes *D* der Winkelhalbierenden mit dem Mittelpunkt *M* der Gegenseite.

!

Die **Winkelhalbierende** w_α halbiert den Winkel α. Sie schneidet die Gegenseite im Punkt *D*. Die Winkelhalbierende im Dreieck ist eine **Strecke**: $w_\alpha = \overline{AD}$.

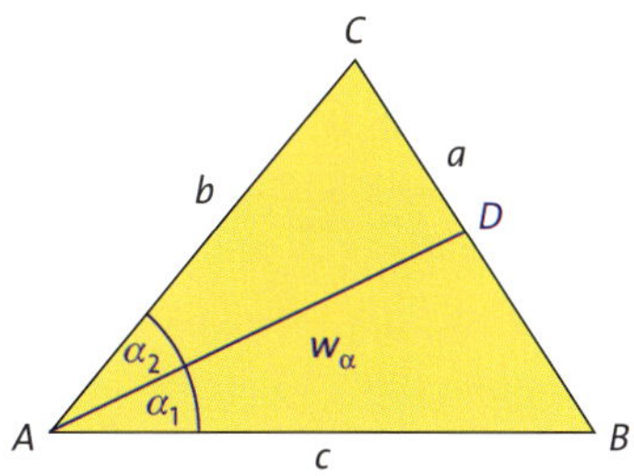

Übung 6

Zeichne ein Dreieck aus $b = 6$ cm; $\alpha = 70°$; $\gamma = 50°$! Konstruiere zwei Winkelhalbierende. Konstruiere nun die dritte Winkelhalbierende. Was stellst du fest? Begründe!

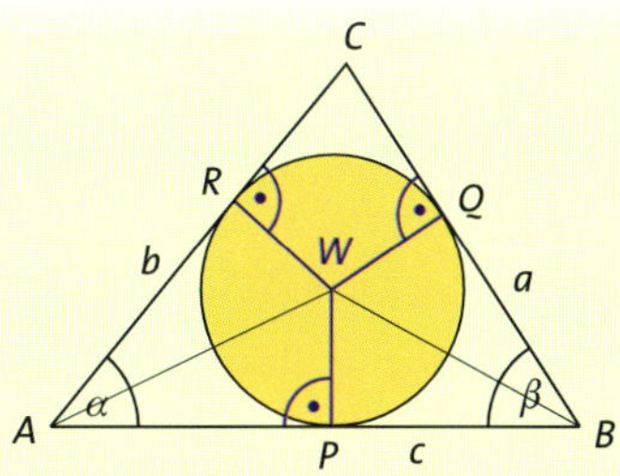

Die drei Winkelhalbierenden eines Dreiecks schneiden einander in einem Punkt *W*, dem Mittelpunkt des **Inkreises** des Dreiecks. *W* liegt stets im Inneren des Dreiecks.

Übung 7

a) Zeichne ein rechtwinkliges Dreieck. Konstruiere die Winkelhalbierenden.
b) Zeichne ein stumpfwinkliges Dreieck. Konstruiere die Winkelhalbierenden.

Je sorgfältiger du konstruierst, desto besser schneiden die Winkelhalbierenden einander in genau einem Punkt.
Um den Radius des Inkreises zu erhalten, musst du das Lot von *W* auf eine Seite des Dreiecks fällen.

C Mittelsenkrechten im Dreieck

Die Konstruktion einer Mittelsenkrechten im Dreieck beruht auf den Grundkonstruktionen „Halbieren einer Strecke" und „Errichten einer Senkrechten in einem Punkt auf einer Geraden". Wir überlegen:
Die Mittelsenkrechte ist Symmetrieachse der Strecke $\overline{AB}$. Jeder Punkt der Mittelsenkrechten ist von *A* und *B* jeweils gleich weit entfernt:
$\overline{AM} = \overline{MB}$, $\overline{AP} = \overline{PB}$.

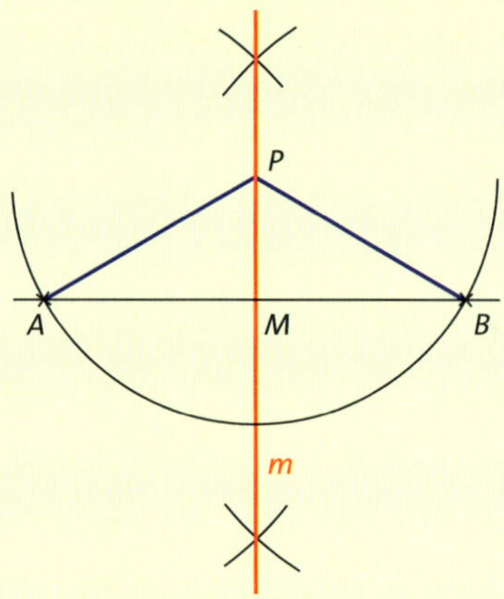

Übung 8

Zeichne ein spitzwinkliges Dreieck aus $c = 8$ cm; $\alpha = 75°$; $\beta = 60°$.
Konstruiere zwei Mittelsenkrechten. Konstruiere die dritte Mittelsenkrechte.
Was stellst du fest? Begründe!

Je sorgfältiger du konstruierst, desto besser schneiden die Mittelsenkrechten einander genau in einem Punkt. Dieser Punkt *M* ist Mittelpunkt des **Umkreises** des Dreiecks.

Konstruktion des Umkreismittelpunktes in einem rechtwinkligen Dreieck

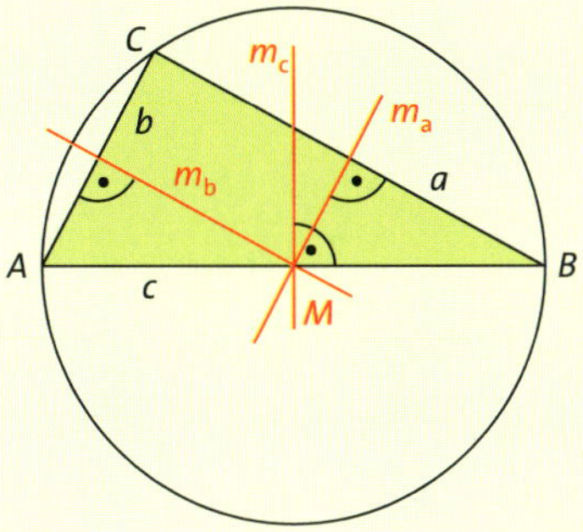

Konstruktion des Umkreismittelpunktes in einem stumpfwinkligen Dreieck

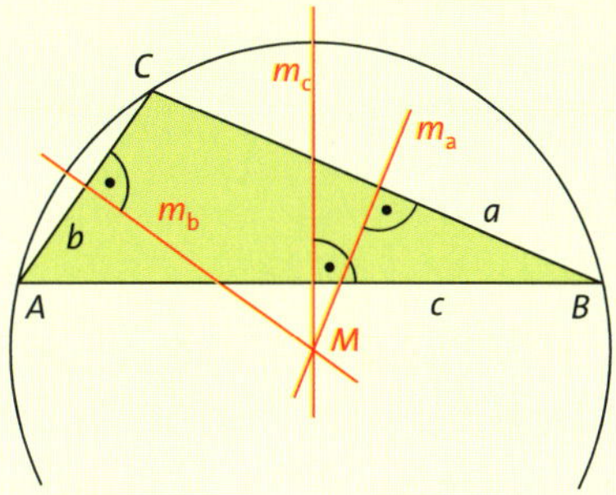

Was stellst du fest?

Die Mittelsenkrechten eines Dreiecks sind Geraden.
Der Schnittpunkt *M* der Mittelsenkrechten liegt

- bei spitzwinkligen Dreiecken innerhalb des Dreiecks,
- bei rechtwinkligen Dreiecken im Mittelpunkt der größten Seite,
- bei stumpfwinkligen Dreiecken außerhalb des Dreiecks.

Die Mittelsenkrechten verlaufen nicht notwendigerweise durch einen Eckpunkt.

Übung 9

Zeichne ein gleichschenkliges Dreieck ($c = 5$ cm; $\alpha = \beta = 50°$) und konstruiere die Mittelsenkrechten.

D Höhen im Dreieck

Die Konstruktion einer Höhe im Dreieck beruht auf der Grundkonstruktion „Fällen eines Lotes von einem Punkt auf eine Gerade“.

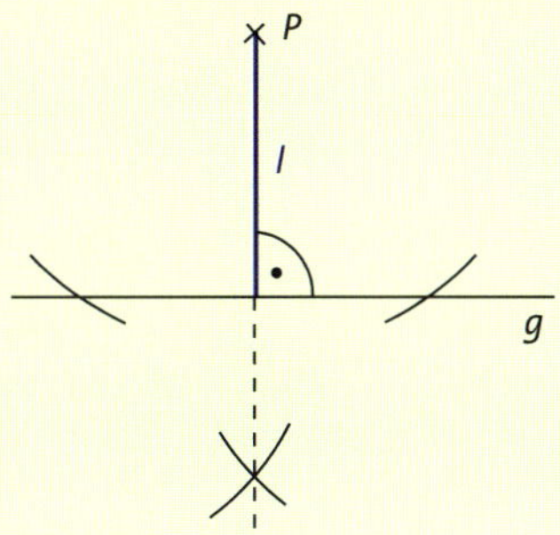

Eine Höhe eines Dreiecks ist der Abstand eines Eckpunktes von der gegenüberliegenden Seite: $h_a = \overline{AF_a}$.
Sie ist also eine **Strecke**.
F_a heißt Fußpunkt der Höhe h_a.

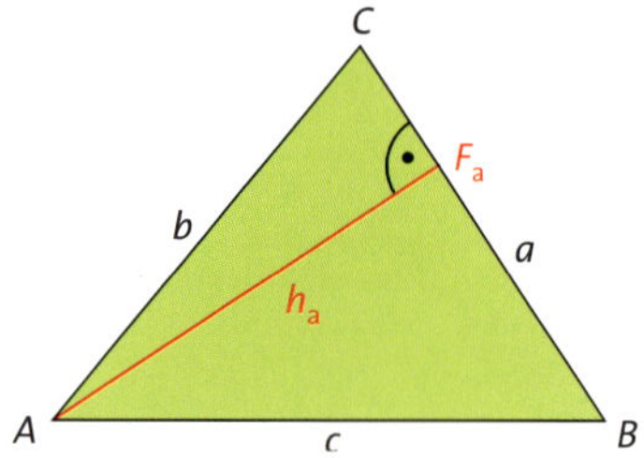

Übung 10

a) Zeichne ein spitzwinkliges Dreieck. Konstruiere alle drei Höhen. Was stellst du fest?

b) Zeichne wieder ein spitzwinkliges Dreieck *ABC* mit $b = 6{,}0$ cm; $c= 5{,}5$ cm; $\alpha = 45°$. Konstruiere die drei Mittelsenkrechten. Verbinde die Seitenmittelpunkte miteinander. Was stellst du fest?

c) Zeichne ein rechtwinkliges Dreieck mit $a = 6{,}2$ cm; $b = 3{,}4$ cm; $\gamma = 90°$ und konstruiere die Höhen. Was stellst du fest?

d) Zeichne ein stumpfwinkliges Dreieck mit $b = 4$ cm; $c = 3$ cm; $\alpha = 115°$ und konstruiere die Höhen. Was stellst du fest?

Jetzt sind wir sicher: Die Höhen eines Dreiecks schneiden einander in einem Punkt *H*. Der Schnittpunkt der Höhen liegt

- bei spitzwinkligen Dreiecken innerhalb des Dreiecks,
- bei rechtwinkligen Dreiecken im Scheitel (Eckpunkt) des rechten Winkels,
- bei stumpfwinkligen Dreiecken außerhalb des Dreiecks.

E Weitere Dreieckskonstruktionen

Oft sind bei Dreieckskonstruktionen die Längen von Höhen, Seiten- oder Winkelhalbierenden gegeben. Meist kann man dann zuerst ein Teildreieck konstruieren.

Beispielaufgabe

Konstruiere ein Dreieck aus $c = 8$ cm; $s_c = 5$ cm; $a = 2{,}5$ cm. Teildreieck *MBC* lässt sich aus a, s_c und $\frac{c}{2}$ konstruieren. *A* erhält man durch Verdopplung von $\overline{MB}$ über *M* hinaus.

Skizze:

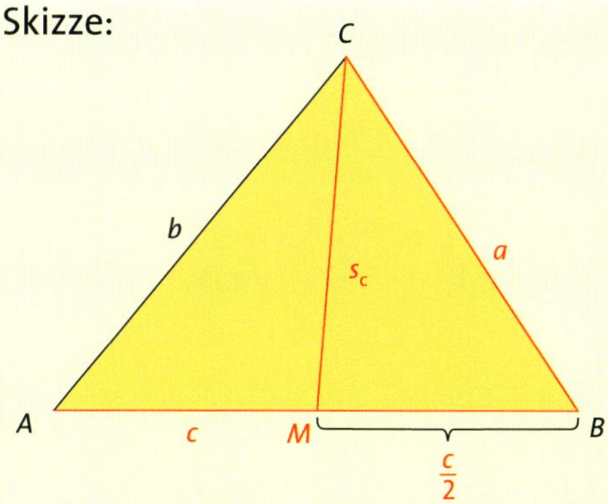

Übung 11

Konstruiere das Dreieck aus der Beispielaufgabe.

Übung 12

Konstruiere ein Dreieck *ABC* nach folgenden Angaben mit ausführlicher Konstruktionsbeschreibung.

a) $c = 6$ cm; $w_\alpha = 5$ cm; $\alpha = 60°$

b) $a = 6$ cm; $b = 8$ cm; $h_a = 6$ cm

c) $c = 6$ cm; $s_b = 5{,}4$ cm; $\alpha = 60°$ (2 Lösungen)

Übung 13

Konstruiere ein Dreieck *ABC* mit dem Umkreisradius $r = 6$ cm. Bekannt sind weiterhin:

a) $a = 7$ cm; $b = 8$ cm

b) $c = 11$ cm; $\alpha = 40°$

Verzeichnis der Zeichen und Abkürzungen

Bedeutung	Bezeichnung in diesem Buch	abweichende Bezeichnungen in anderen Büchern
Prozent	%	
Promille	‰	
{0; 1; 2; ...}, Menge der natürlichen Zahlen	$\mathbb{N}$	$\mathbb{N} = \{0; 1; 2; \ldots\}$ $\mathbb{N}^* = \{1; 2; 3; \ldots\}$
{0; ± 1; ± 2; ± 3; ...}, Menge der ganzen Zahlen	$\mathbb{Z}$	
Menge der rationalen Zahlen	$\mathbb{Q}$	
Grundmenge	G	$\mathbb{G}$
Lösungsmenge	L	$\mathbb{L}$
Leere Menge	{ }	$\emptyset$
Betrag von *a*	$\lvert a \rvert$	
Aus *A* folg *B*.	$A \Rightarrow B$	
Strecke von *A* nach *B*	$\overline{AB}$	$[AB]$
Länge der Strecke *AB*	$\overline{AB}$	$\lvert AB \rvert$
Gerade *AB*	AB	
Punkt mit Koordinaten	$P(2; 3)$	$P(2\vert 3)$
Winkel von *A* nach *B* im Gegen-Uhrzeigersinn mit Scheitel *S*	$\sphericalangle ASB$	
F_1 ist kongruent zu F_2	$F_1 \cong F_2$	
Dreieck	$\triangle$	
Höhe, die senkrecht auf *a* steht	h_a	
Winkelhalbierende des Winkels α	w_α	
Seitenhalbierende zur Seite *a*	s_a	
Mittelsenkrechte zur Seite *a*	m_a	
Alpha	α	
Beta	β	
Gamma	γ	
Delta	δ	
Epsilon	ε	
Lambda	λ	
Phi	φ	
Omega	ω	